JN274687

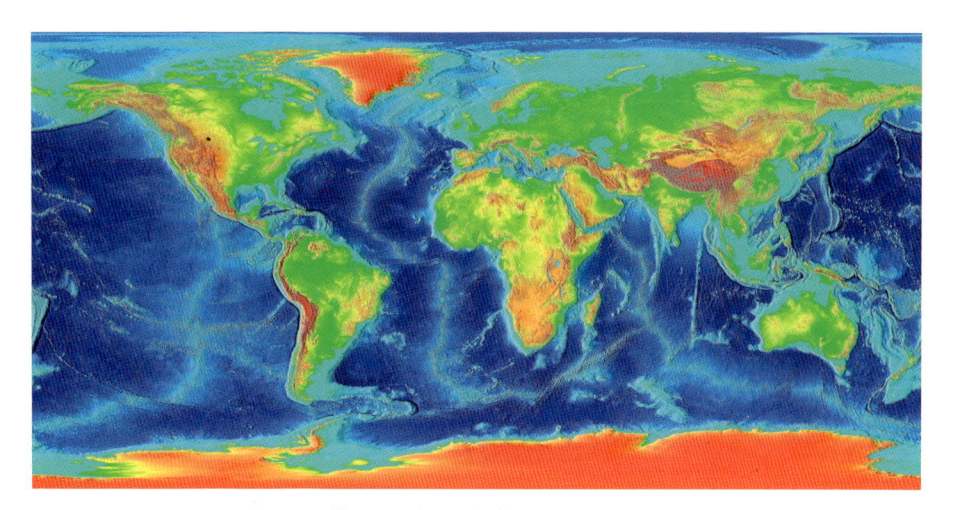

口絵 2-1: 世界の海底地形（NOAA）

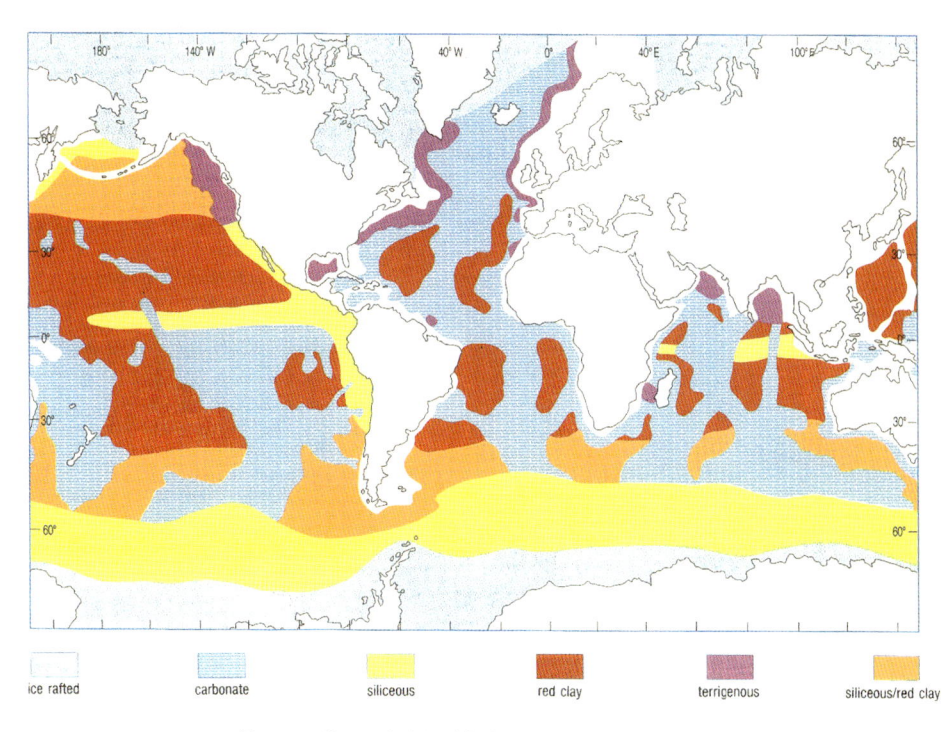

口絵 2-2: 世界の海底堆積物中における主要成分の分布
(Ocean chemistry and deep-sea sediments, Open University, Pergamon press)

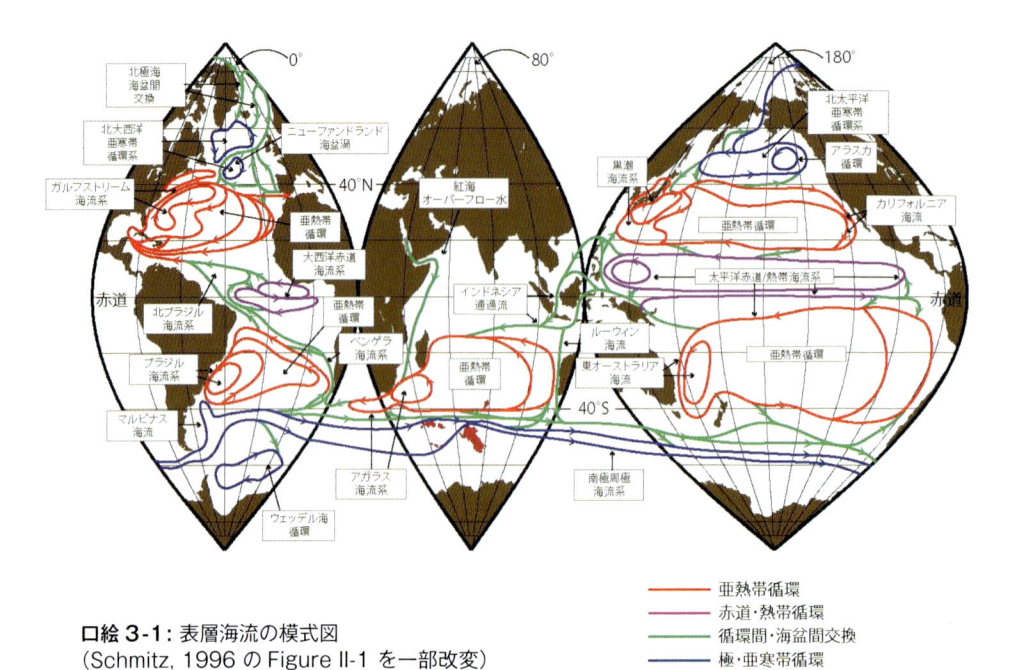

口絵 3-1: 表層海流の模式図
(Schmitz, 1996 の Figure II-1 を一部改変)

凡例:
― 亜熱帯循環
― 赤道・熱帯循環
― 循環間・海盆間交換
― 極・亜寒帯循環

口絵 3-2: 全球をめぐる3次元循環の模式図
(Schmitz, 1996 の Figure II-8 を一部改変)

SLW	Surface Layer Water
SAMW	Subantarctic Mode Water
RSW	Red Sea Water
AABW	Antarctic Bottom Water
NPDW	North Pacific Deep Water
ACCS	Antarctic Circumpolar Current System
CDW	Circumpolar Deep Water
NADW	North Atlantic Deep Water
UPIW	Upper Intermediate Water, $26.8 \leq \sigma_\theta \leq 27.2$
LOIW	Lower Intermediate Water, $27.2 \leq \sigma_\theta \leq 27.5$
IODW	Indian Ocean Deep Water
BIW	Banda Intermediate Water
NIIW	Northwest Indian Intermediate Water

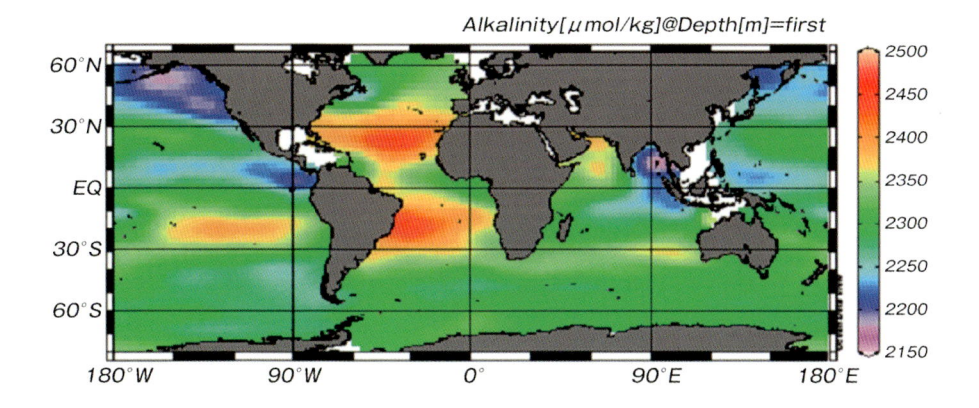

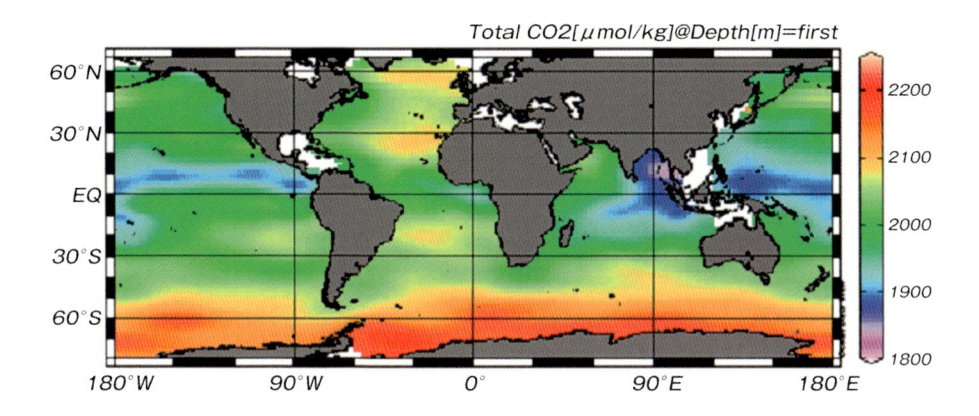

Alkalinity[μmol/kg]@Depth[m]=first

Total CO2[μmol/kg]@Depth[m]=first

口絵 6-1：海洋表面のアルカリ度（μmol/kg, 上）とDIC（μmol/kg, 下）の分布（GLODAP gridded data ODV cllecion v1.1 <http://cdiac.ornl.gov/ftp/oceans/All_Oceans_GLODAP_gridded_ODV/> 収録データを元に作図）

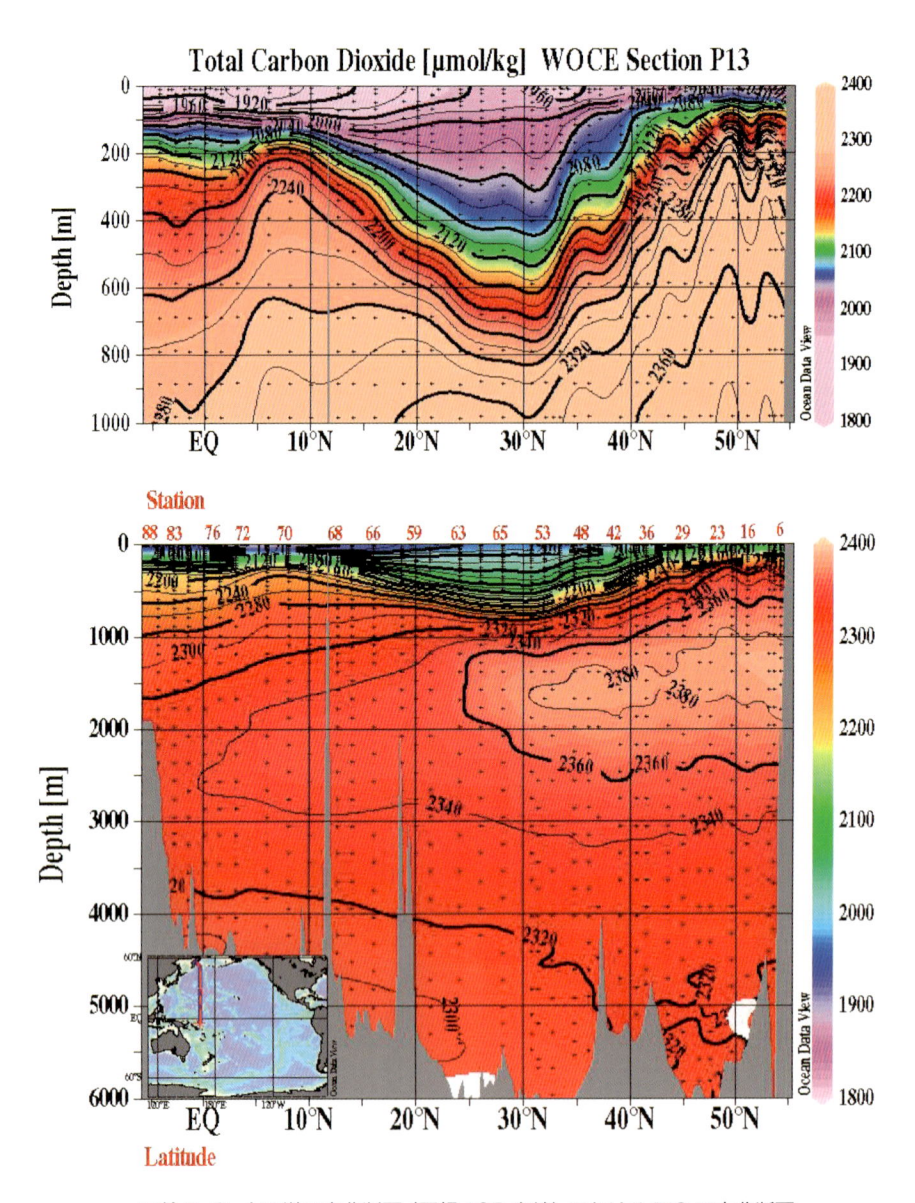

口絵 6-2: 太平洋の南北断面（西経 165 度線）における DIC の南北断面（下）と，その水深 1000m までの拡大図（上）（GLODAP Atlas <http://cdiac.ornl.gov/oceans/glodap/Glopatlas.htm> から転載）

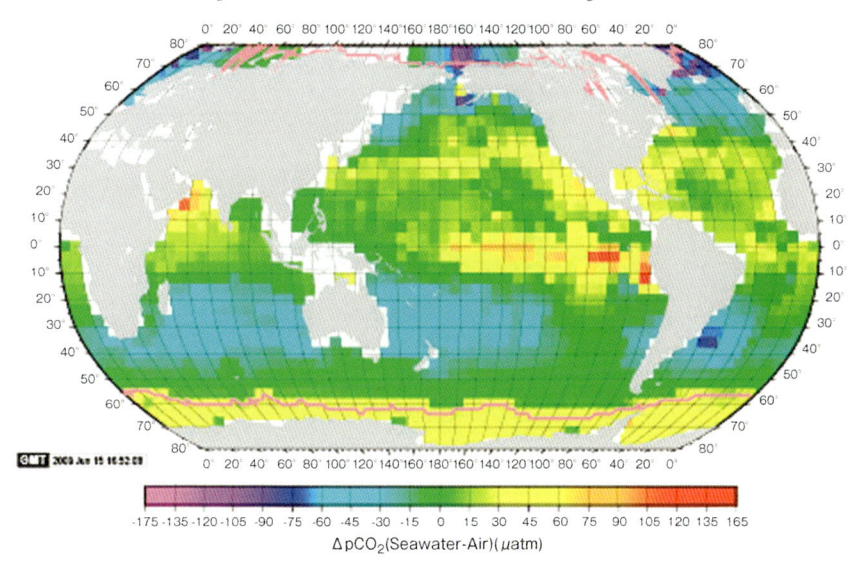

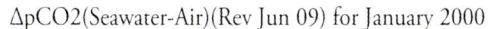

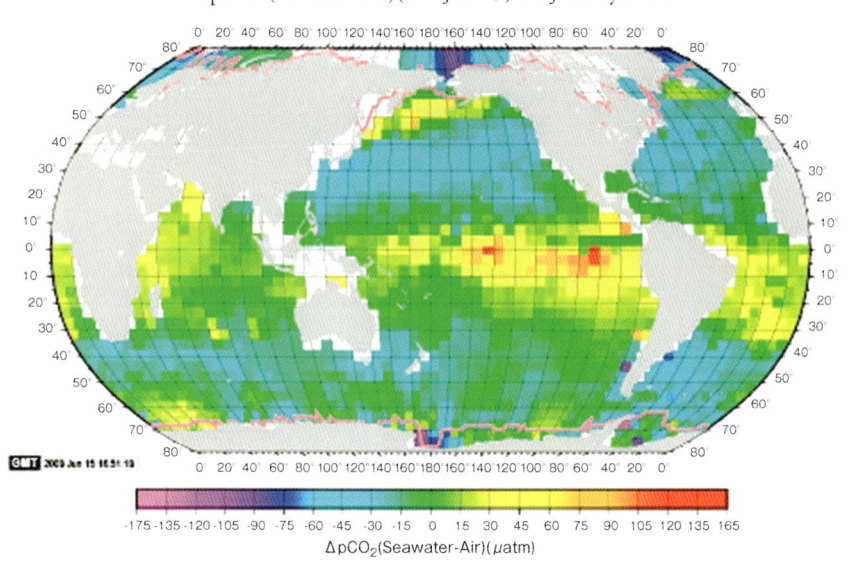

口絵 6-3: 2000年8月(上)および1月(下)の，海洋表層の二酸化炭素分圧の分布．各海域における大気の二酸化炭素分圧からのずれを示す（LDEO pCO2 database <http://www.ldeo.columbia.edu/res/pi/CO2/carbondioxide/pages/delta_pco2_maps.html> から転載）

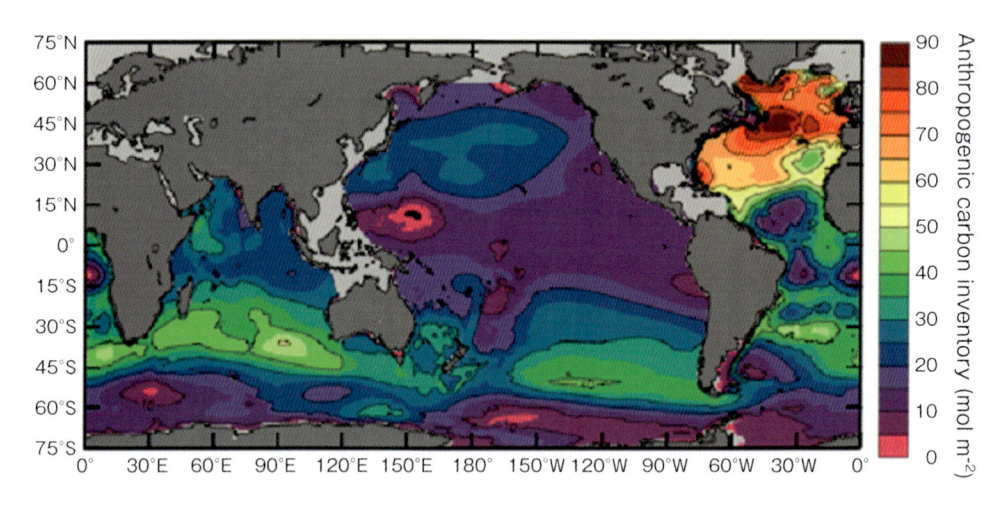

口絵 6-4：1994年までに海洋中に蓄積された，人類活動起源炭素の分布図（IPCC IR4 Figure 5.10）

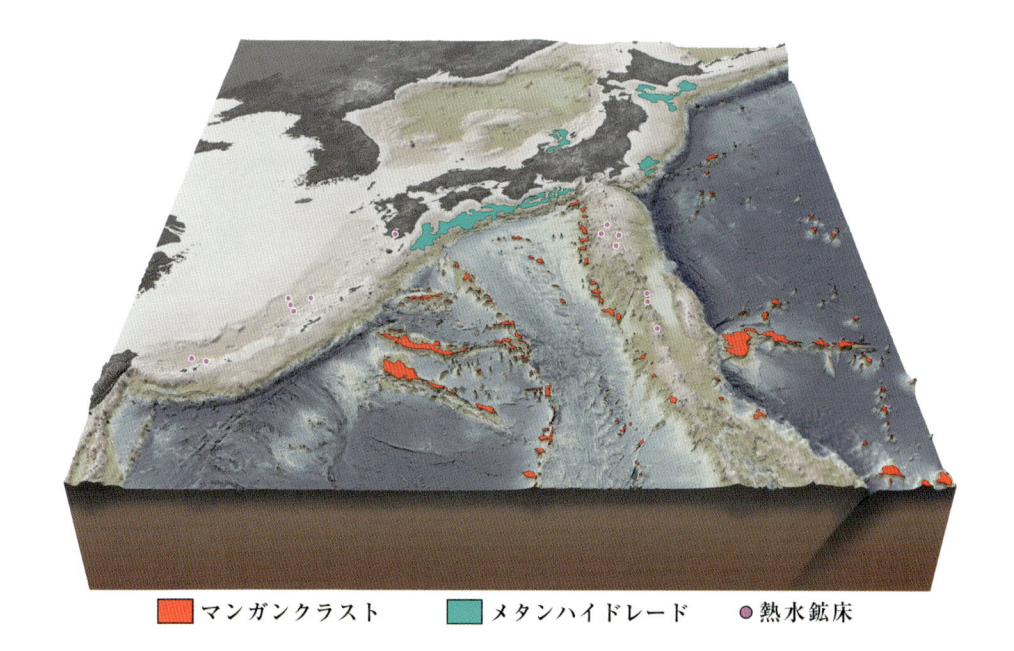

■ マンガンクラスト　■ メタンハイドレード　● 熱水鉱床

口絵 9-1: 日本周辺海域におけるマンガンクラスト，メタンハイドレードおよび海底熱水鉱床の推定分布（東京大学 海洋アライアンス）
＊マンガンクラストは本文中のコバルトリッチクラストと同義

口絵 9-2: コバルトリッチクラスト（東京大学 海洋アライアンス）

口絵 9-3：海底熱水鉱床の形成概念図（東京大学 海洋アライアンス）

海はめぐる

人と生命を支える海の科学

日本海洋学会 編

地人書館

はじめに

　この本は，日本海洋学会の設立70周年を記念して同学会の教育問題研究会が中心になって作成しました．海に興味のある大学1年生を対象としています．章ごとに専門の方に執筆いただき，相互に査読して読みやすいものにしたつもりですが，大学1年生には少し難しいかもしれません．また，紙面が限られているため書ききれない部分もありましたが，より詳しい内容については本書より専門的なものが「海洋学」として東海大学出版会から出版されています．こちらも参考にされるとよいと思います．

　本書は大学の授業2単位分を想定しています．2単位ですと，15回がふつうですが，章の数は少なめにしてあります．授業で使う目的によって1つの章を2回に分けてより詳しく話されてもいいかもしれません．各章のあらましは以下のようになっています．

1. 宇宙はめぐる
   地球の海はどうやって生まれたか？　地球の一生を1年とすると何月に海ができ，何月から生物が住み始めることになるか？　マグマの海から水の海ができた歴史．生物の誕生ら酸素の誕生まで．
2. 海底はめぐる
   海底山脈の出来方．固体地球のアシソスタシー．深海の生物とマリンスノー．
3. 海水はめぐる
   表層海流の流れ．3大海流とアマゾン．海洋大循環．海水の物性．
4. 熱もめぐる
   太陽から届く熱と吸収．大気と海洋の熱容量．海流が運ぶ熱と大気が運ぶ熱．
5. 栄養塩はめぐる
   太陽のエネルギーが光合成で使われ，生物をめぐる様子．海の物質循環．
6. 炭素もめぐる

CO_2 >植物プランクトン>動物> POM >．無機の CO_2 の循環と生物活動．石灰岩．

7．生物もめぐる

　ウィルスかクジラまで．栄養段階．

8．観測船はめぐる

　海洋観測の歴史．観測方法．TS 図．化学分析．

9．資源はめぐる

　海底資源．石油．メタン．二酸化炭素貯蔵．海水発電．深層水．

10．電磁波はめぐる

　人工衛星のリモセン．

11．法律はめぐる

　海洋法と私たちの生活．

12．船もめぐる

　海洋利用．輸送の歴史．貿易の概要．

　巻末に簡単な試験もつけました．本書が海洋学を志す方々のお役に立てるように，日本海洋学会，海洋学会教育問題研究会，一同願っております．

　なお，第 2 刷出版にあたり，岩崎望氏（立正大学）にお世話になりました．お礼申し上げます．

編集委員代表　岸道郎

目　次

はじめに……………………………………………………………………岸道郎

1. 宇宙はめぐる……………………………………………………角皆静男
1.1　宇宙の始まりと星の一生……………………………………………1
1.2　誕生した初期の太陽に炙られた星間塵だった頃の地球……………2
1.3　地球誕生…………………………………………………………………3
1.4　海洋の誕生………………………………………………………………8
1.5　還元環境下の海に生物誕生…………………………………………10
1.6　酸化環境の出現………………………………………………………11
1.7　生物が彩りを与えた最近の地球環境と海…………………………12

2. 海底はめぐる……………………………………………………長谷川浩
2.1　海底の地形……………………………………………………………25
2.2　固体地球のアイソスタシー…………………………………………29
2.3　海底の堆積物…………………………………………………………33
2.4　深海の生物……………………………………………………………36

3. 海水はめぐる……………………………………………………須賀利雄
3.1　海水の流れと大気の流れ……………………………………………41
3.2　表層の流れ……………………………………………………………42
3.3　深層の流れ……………………………………………………………51
3.4　海水の性質の分布と循環……………………………………………56

4. 熱もめぐる………………………………………………乙部弘隆・松野健
4.1　太陽から届く熱（放射エネルギー）と吸収…………………………61
4.2　海面での熱収支………………………………………………………66
4.3　海洋中の熱輸送………………………………………………………71

iii

5. 栄養塩はめぐる　　　　　　　　　　　　　　　　　　　菊池知彦
- 5.1　栄養塩（Nutrients）とは？ ……………………………………… 79
- 5.2　海洋の一次生産と栄養塩 …………………………………………… 80
- 5.3　制限要因（limiting factor）とRedfield比 ……………………… 81
- 5.4　栄養塩類の分布 ……………………………………………………… 82
- 5.5　栄養塩の供給，取り込み，分解 …………………………………… 84
- 5.6　栄養塩はめぐる ……………………………………………………… 90

6. 炭素もめぐる　　　　　　　　　　　　　　　　　　　小埜恒夫
- 6.1　海洋中の炭素の存在形態：DIC・DOC・PIC・POC …………… 95
- 6.2　DICの化学平衡と海洋中における濃度決定要因 ………………… 96
- 6.3　生物によるPOC形成と生物ポンプ ……………………………… 99
- 6.4　生物ポンプの地理的・季節的不均衡と海洋表層の二酸化炭素分圧 … 100
- 6.5　その他の生物ポンプ（1）：DOC ………………………………… 101
- 6.6　その他の生物ポンプ（2）：PIC ………………………………… 102
- 6.7　グローバル炭素循環：海洋・大気・陸域・地殻間の炭素収支 … 103
- 6.8　グローバル炭素循環の不均衡と気候変動 ………………………… 105

7. 生物もめぐる　　　　　　　　　　　　　　　　　　　田中恒夫
- 7.1　はじめに ……………………………………………………………… 111
- 7.2　海という生活圏 ……………………………………………………… 112
- 7.3　海に棲む多様な生物の区分について ……………………………… 115
- 7.4　海洋生態系の概念の発達 …………………………………………… 118
- 7.5　海洋生態系の機能と構造 …………………………………………… 123

8. 観測船はめぐる　　　　　　　　　　　　　　　　　　市川洋
- 8.1　はじめに ……………………………………………………………… 133
- 8.2　海洋観測の種類と意義 ……………………………………………… 136
- 8.3　海洋観測の歴史 ……………………………………………………… 140
- 8.4　観測機器 ……………………………………………………………… 143

9. 資源はめぐる　　　　　　　　　　　　　　　　　　　　　　福島朋彦
9.1　はじめに ·· 149
9.2　海洋エネルギー / 資源開発の現状 ···································· 151
9.3　資源開発に向けての課題 ·· 156
9.4　課題克服に向けて ·· 161

10. 電磁波はめぐる　　　　　　　　　　　　　　　　　　　　　柳哲雄
10.1　リモートセンシング ·· 165
10.2　電磁波によるリモートセンシング ································· 165
10.3　音波によるリモートセンシング ···································· 171

11. 法律はめぐる　　　　　　　　　　　　　　　　　　　　　　道田豊
11.1　海洋の活動と法律 ··· 181
11.2　国連海洋法条約 ·· 181
11.3　海洋基本法 ·· 189
11.4　いくつかの関係法令 ·· 193

12. 船もめぐる　　　　　　　　　　　　　　　　　　　　　　　松沢孝俊
12.1　はじめに ·· 201
12.2　船の輸送形態　〜貨物を例として〜 ······························ 202
12.3　安全な船を造る ·· 208
12.4　安全な運航 ·· 217

巻末問題 ··· 225

さくいん

執筆者一覧

市川洋　　元国立研究開発法人海洋研究開発機構
乙部弘隆　元東京大学海洋研究所
小埜恒夫　国立研究開発法人水産研究・教育機構
菊池知彦　横浜国立大学
岸道郎　　元北海道大学
須賀利雄　東北大学
田中恒夫　元フランス国立科学研究センター
角皆静男　元北海道大学（故人）
長谷川浩　金沢大学
福島朋彦　国立研究開発法人海洋研究開発機構
松沢孝俊　国立研究開発法人海上技術安全研究所
松野健　　九州大学
道田豊　　東京大学
柳哲雄　　元九州大学

（2017年3月現在）

第1章 宇宙はめぐる

1.1 宇宙の始まりと星の一生

　140億年ほど前，宇宙の1点で**ビッグバン**（大爆発）があり，宇宙の膨張が始まった．この時，物質の大部分はプロトン（水素の原子核，電子1個を得て水素原子になる）だった．この宇宙空間は膨張するにつれて温度は下がったが，物質の存在密度に濃淡ができ，濃いところは互いの引力で集まってますます濃くなり，恒星になった．この時，重力エネルギーが集中する中心部分の温度が上がり，大きな星ほど高温になった．

　恒星の中では小さい方の部類の太陽のような星の場合は，中心付近で質量数1の水素が質量数4のヘリウムに変わる核反応（核融合）が始まるが，この水素が燃焼してヘリウムになる段階で終わってしまう．もっと大きな星の場合は，核融合の熱で温度がさらに上がり，生成したヘリウムが燃えだし，質量数が4の倍数の原子が次々とでき，内部の温度はますます上がり，最終的には質量数56の鉄まで到達する．その理由はここではふれないので，興味のある人は他の書籍を見て欲しい．

　やがて，原子核内の陽子や中性子が自由に原子核の壁を越えて飛び出し，星の中心部が最も安定な鉄の56になる温度にまで上がる．こうなると，その莫大な熱で星は形を維持できず，遂に**超新星の爆発**となる．この爆発の際，飛び出した中性子や陽子が周りの原子核に飛び込み，いろいろな重い原子核ができる．あまりに重いと不安定で短期間に放射壊変してなくなる．現在の地球にある最も重い原子核は，一時的なものを除き，半減期45億年のウラン^{238}Uである．

　空に見える恒星の大部分は，大きさと明るさの間に一定の関係がある．この星を主系列星といい，これからずれて赤色巨星となると，短期間で超新星になって爆発したり，白色矮星になったりして消える．星間に飛んだ塵はまた集まって星をつくり，また爆発しては塵となる．星はこの生死を繰り返し，重い

原子の割合はだんだん増えている．しかし，現在の**宇宙における元素の存在度**は（原子数ではなく質量で），水素が74％，ヘリウムが24％，酸素が1％，その他が1％であり，宇宙の大部分は水素とヘリウムでできている．なお，これは太陽についての値である．太陽で宇宙を代表させるのは，ビッグバンで宇宙ができたとすれば，銀河系が宇宙を代表し，太陽が銀河系を代表するとしても，特に矛盾しないからであり，地球など太陽系の惑星は，太陽と同じ起源を持つとされているからである．

1.2 誕生した初期の太陽に炙られた星間塵だった頃の地球

　46億年前に**星間塵**が集まって太陽ができたが，その時，太陽系の惑星をつくった星間塵は，太陽の周りに円盤状に拡がって回っていた．質量数が大きな原子やその化合物の方が，一般に重く，太陽の近くでの存在密度が大きかった．その結果，太陽に近い水星，金星，地球，火星は，遠い木星や土星などより質量数の大きな元素に富み，惑星全体の密度も大きくなった．なお，惑星の中では，地球の密度が最も大きいが，直径も大きいので重力により締めつけられる効果を補正すると，水星の方が25％ほど重く，金星は同程度，火星は14％ほど軽くなる．

　しかし，地球や隕石を構成する元素は，マグネシウム，ケイ素，鉄が約3割ずつで，その他のアルミニウム，カルシウムなどすべての重元素は，合計しても1割に満たず，太陽と異なる．その原因は，形成直後に高温となった太陽表面から強く吹き出した**太陽風**（イオンの流れ）に吹き飛ばされたからだった．太陽風により地球付近で1,000℃くらいになった．そのため，気体成分ばかりでなく金属成分までもが一部揮発した．ただ，その時の失われ方は，太陽からの距離よりは原始惑星の状態（大きさ）によって変わった．

　カリウム／ウラン比がその差異について語ってくれる．火山活動など岩石の融解や固化に際しての両元素の挙動はほとんど同じだが，カリウムはウランよりずっと低温で気化する．また，放射線を出すので，人工衛星を送り込んで放射能を測れば，岩石試料を持ち帰らなくても元素比がわかる．その結果，地球の岩石のカリウム／ウラン比は，隕石の7分の1しかないが，金星とは同程度，

火星の3倍，月の5倍であることがわかった．その他，ヒ素，鉛，亜鉛，カドミウム，ハロゲンなどの濃度は，月では地球の1％程度しかない．つまり，炙られ方が，月の石のほうがずっと大きかった．カリウムは陸の植物の肥料成分であり，微量成分もそれなりの働きをするから，月の石を砕いて地球の植物を栽培しようとしてもむずかしいだろう．

1.3 地球誕生（46億年前，1月1日0時）

1.3.1 地球誕生とその直後の融解と成層化

地球も，太陽と同様，形成時に重力中心に向かって物質が集中し，その位置エネルギーが熱エネルギーに変わった．太陽よりずっと小さい地球では，水素の核融合は起こらなかったが，金属やケイ酸塩（岩石）などが融けるには十分な温度になった．この熱で初期地球は融解し，核，マントル，地殻の3層に分かれ，成層化した．やがて，この熱は徐々に宇宙空間に失われたが，地球内で ^{238}U（半減期が地球の年齢とほぼ同じ）など放射性核種が放射壊変をして熱を

表1-1 主な出来事の地質年代と地球の年齢を1年とした場合の日付

地質年代と主な出来事	実際の年代	1年に縮めた年代
地球の誕生	46億年	1月1日0時
海洋の形成		
始生代（生物誕生）	38億年以前	3月1日以前
海水中の還元物質の酸化		
原生代（酸化環境へ）	25億年	6月14日
海水，大気に徐々に酸素の蓄積		
古生代（生物陸上へ）	5億7千万年	11月15日
石炭・石油，酸素の急激な増加		
中生代（爬虫類全盛）	2億5千万年	12月11日9時
大型動物の出現		
新生代（哺乳類全盛）	6600万年	12月26日17時
気温下がり始める		
新生代 第四紀（人類の進化）	160万年	12月31日21時
氷期・間氷期の周期的変動顕著		
新生代 第四紀 完新世（文明の発達）	1万年	12月31日23時58分51秒
新ドリアス期以降，暖かい間氷期続く		
人の一生	60年	0.4秒

1.3 地球誕生（46億年前，1月1日0時）

出している．現在，この熱源も半分以下に減っている．

　融けて沈み込んだ重い金属，主に鉄やニッケルからなる核は，少なくとも外側の半分が今なお融けており，中心から3500km弱を占める．その外側の2900km弱が**マントル**で，通常は固体のケイ酸塩で（密度3.3g/cm³，液体的性質も持ち，ゆっくり対流する），金属の主成分はマグネシウムである．地殻もケイ酸塩だが，アルミニウムやアルカリ金属を高濃度に含み，融点が低く，固化しにくい．その**地殻**は，厚さが平均35kmで，ケイ素（SiO_2）をより多く含む花崗岩質の軽い大陸地殻（密度2.7g/cm³）と，平均7kmで玄武岩質の重い海洋地殻（密度3.0g/cm³）とに分かれる．花崗岩質の方が軽いので，重力を均衡させるために（アイソスタシーという）地殻が厚く盛り上がり，陸となる．なお，重力均衡には海水（密度1.0g/cm³）も加わるので，海水は重い海洋地殻の上にある．つまり，海は，単に水が地球の窪地に溜まってできたわけではなく，海になるべき構造のところに水が溜まったものである．

　地殻の平均的元素組成を表1-2に示す．宇宙における存在度と比較するために，宇宙の方もケイ素の値が重量比で0.277になるようにしてある．両者には，前節で述べた初期の太陽に炙られた効果も加わっているが，地球の成層化に伴う成分分離により気体成分以外でもかなり大きな違いがある．地殻に濃縮されている元素は，ウランやトリウム，アルミニウム，アルカリ金属，アルカリ土類金属（マグネシウムを除く）などであり，逆に，希釈されているのは，鉄族，白金族などの元素である．

1.3.2　地球表層部の状態に影響を与える因子

　太陽活動：地表へのもっとも大きい熱源が太陽であるが，太陽活動は変動変化する．黒点の11年周期は有名だが，短周期であり，気候を変えるほど大きな因子ではない．不気味なのは，超新星の爆発には至らないが，中心部での核融合の燃料である水素を使い果たし，50億年後には赤色巨星になり，地球を飲み込むとされる太陽である．太陽は，誕生以来30％程度輝きを増したといわれている．初期の地球においては，高濃度の大気中二酸化炭素による温室効果が弱い太陽の輝きを補っていたとされる．

表1-2 元素の宇宙存在度，地殻中濃度，海水中濃度および海水／地殻濃度比

原子番号	元素名		宇宙存在度 (Siを0.277×10^6個としたときの相対値)	地殻中濃度 (mg/kg)	海水中濃度 (g/l)	海水／地殻 ($\times 10^{10}$)
1	水素	H	0.27 (9)	1.4 (3)	—	—
2	ヘリウム	He	86 (6)	3.0 (−3)	6.9 (−3)	2 (7)
3	リチウム	Li	4.1 (0)	29 (0)	0.18 (3)	6 (7)
4	ベリリウム	Be	69 (−3)	2.8 (0)	25 (−3)	9 (2)
5	ホウ素	B	2.6 (0)	10 (0)	4.5 (3)	4 (9)
6	炭素	C	1.4 (6)	0.20 (3)	28 (3)	1 (9)
7	窒素	N	0.34 (6)	20 (0)	13 (3)	6 (9)
8	酸素	O	3.2 (6)	47 (3)	*4.8 (3)	1 (6)
9	フッ素	F	0.16 (3)	0.63 (3)	1.4 (3)	2 (7)
10	ネオン	Ne	75 (3)	70 (−6)	0.14 (0)	2 (10)
11	ナトリウム	Na	13 (3)	28 (3)	11 (6)	3 (9)
12	マグネシウム	Mg	0.26 (6)	21 (3)	1.3 (6)	6 (8)
13	アルミニウム	Al	23 (3)	81 (3)	30 (−3)	3 (0)
14	ケイ素	Si	0.28 (6)	0.28 (6)	2.0 (3)	7 (4)
15	リン	P	3.2 (3)	1.1 (3)	50 (0)	4 (5)
16	イオウ	S	0.16 (6)	0.26 (3)	0.93 (6)	4 (10)
17	塩素	Cl	1.8 (3)	0.13 (3)	20 (6)	2 (12)
18	アルゴン	Ar	41 (3)	40 (−3)	0.50 (3)	1 (11)
19	カリウム	K	1.4 (3)	26 (3)	0.41 (6)	2 (8)
20	カルシウム	Ca	24 (3)	36 (3)	0.42 (6)	1 (8)
21	スカンジウム	Sc	16 (0)	22 (0)	0.90 (−3)	4 (2)
22	チタン	Ti	1.1 (3)	4.4 (3)	7.2 (−3)	2 (1)
23	バナジウム	V	0.15 (3)	0.13 (3)	1.9 (0)	2 (5)
24	クロム	Cr	6.9 (3)	90 (0)	0.24 (0)	3 (4)
25	マンガン	Mn	5.2 (3)	0.95 (3)	19 (−3)	2 (2)
26	鉄	Fe	0.50 (6)	50 (3)	22 (−3)	4 (0)
27	コバルト	Co	1.3 (3)	27 (0)	1.2 (−3)	4 (2)
28	ニッケル	Ni	29 (3)	75 (0)	0.56 (0)	8 (4)
29	銅	Cu	0.32 (3)	55 (0)	0.22 (0)	4 (4)
30	亜鉛	Zn	0.81 (3)	70 (0)	0.50 (0)	7 (4)
31	ガリウム	Ga	26 (0)	17 (0)	1.3 (−3)	8 (2)
32	ゲルマニウム	Ge	84 (0)	1.5 (0)	7.3 (−3)	5 (4)
33	ヒ素	As	5.0 (0)	1.8 (0)	1.1 (0)	6 (6)
34	セレン	Se	48 (0)	50 (−3)	0.16 (0)	3 (7)
35	臭素	Br	9.3 (0)	2.5 (0)	68 (3)	3 (11)
36	クリプトン	Kr	37 (0)	—	0.29 (0)	—
37	ルビジウム	Rb	6.0 (0)	0.12 (3)	0.11 (3)	9 (6)
38	ストロンチウム	Sr	21 (0)	0.45 (3)	8.0 (3)	2 (8)
39	イットリウム	Y	4.1 (0)	33 (0)	24 (−3)	7 (3)
40	ジルコニウム	Zr	9.6 (0)	0.16 (3)	18 (−3)	1 (3)
41	ニオブ	Nb	0.65 (0)	20 (0)	0.32 (−3)	2 (2)
42	モリブデン	Mo	2.4 (0)	1.5 (0)	10 (0)	7 (7)
44	ルテニウム	Ru	1.9 (0)	1.0 (−3)	<5.0 (−6)	<5 (4)

1.3 地球誕生（46億年前，1月1日0時）

45	ロジウム	Rh	0.35 (0)	0.20 (−3)	93 (−6)	5 (6)
46	パラジウム	Pd	1.5 (0)	0.60 (−3)	59 (−6)	1 (6)
47	銀	Ag	0.56 (0)	80 (−3)	4.3 (−3)	5 (5)
48	カドミウム	Cd	1.9 (0)	80 (−3)	0.11 (0)	1 (7)
49	インジウム	In	0.21 (0)	0.11 (−0)	9.2 (−6)	8 (2)
50	スズ	Sn	4.5 (0)	2.0 (0)	0.95 (−3)	5 (3)
51	アンチモン	Sb	0.42 (0)	0.15 (−0)	0.22 (0)	1 (7)
52	テルル	Te	6.2 (0)	10 (−3)	90 (−6)	9 (4)
53	ヨウ素	I	1.1 (0)	0.50 (−0)	53 (0)	1 (9)
54	キセノン	Xe	5.6 (0)	—	50 (−3)	—
55	セシウム	Cs	0.49 (0)	3.0 (0)	0.29 (0)	1 (6)
56	バリウム	Ba	5.9 (0)	0.43 (3)	18 (0)	4 (5)
57	ランタン	La	0.61 (0)	30 (0)	6.2 (−3)	2 (3)
58	セリウム	Ce	1.6 (0)	60 (0)	0.70 (−3)	1 (2)
59	プラセオジム	Pr	0.24 (0)	8.2 (0)	0.85 (−3)	1 (3)
60	ネオジム	Nd	1.2 (0)	28 (0)	4.0 (−3)	1 (3)
62	サマリウム	Sm	0.39 (0)	6.0 (0)	0.92 (−3)	2 (3)
63	ユーロピウム	Eu	0.15 (0)	1.2 (0)	0.25 (−3)	2 (3)
64	ガドリニウム	Gd	0.51 (0)	5.4 (0)	1.2 (−3)	2 (3)
65	テルビウム	Tb	92 (−3)	0.80 (0)	0.32 (−3)	4 (3)
66	ジスプロシウム	Dy	0.6.4 (0)	4.0 (0)	1.8 (−3)	4 (3)
67	ホルミウム	Ho	0.1.4 (0)	1.2 (0)	0.53 (−3)	4 (3)
68	エルビウム	Er	0.4.2 (0)	2.8 (0)	1.4 (−3)	5 (3)
69	ツリウム	Tm	64 (−3)	0.50 (0)	0.27 (−3)	5 (3)
70	イッテルビウム	Yb	0.41 (0)	3.0 (0)	1.8 (−3)	6 (3)
71	ルテチウム	Lu	64 (−3)	0.50 (0)	0.30 (−3)	6 (3)
72	ハフニウム	Hf	0.31 (0)	3.0 (0)	36 (−6)	1 (2)
73	タンタル	Ta	40 (−3)	2.0 (0)	24 (−6)	1 (2)
74	タングステン	W	0.25 (0)	1.5 (0)	10 (−3)	7 (4)
75	レニウム	Re	93 (−3)	1.0 (0)	7.1 (−3)	7 (7)
76	オスミウム	Os	1.3 (0)	0.40 (−3)	8.6 (−6)	2 (5)
77	イリジウム	Ir	1.3 (0)	3.0 (−6)	0.13 (−6)	4 (5)
78	白金	Pt	2.6 (0)	3.0 (−3)	45 (−6)	1 (5)
79	金	Au	0.36 (0)	4.0 (−3)	16 (−6)	4 (4)
80	水銀	Hg	1.0 (0)	80 (−3)	0.10 (−3)	1 (4)
81	タリウム	Tl	0.37 (0)	0.90 (0)	12 (−3)	1 (5)
82	鉛	Pb	6.4 (0)	15 (0)	2.1 (−3)	1 (3)
83	ビスマス	Bi	0.3.0 (0)	0.17 (0)	42 (−6)	3 (3)
90	トリウム	Th	77 (−3)	11 (0)	19 (−6)	2 (1)
92	ウラン	U	21 (−3)	3.0 (0)	3.3 (0)	1 (7)

（例：2.7（8）は 2.7×10^8 を表す．$n \times 10^m$ の n をカッコの前，m をカッコの中に置く）

岩石の風化作用：温室効果の主因である大気中二酸化炭素濃度は，地球誕生以来，大きく減っている．その原因の第1は，地表の岩石（アルミノ珪酸塩）の風化である．2単位の二酸化炭素を使って風化し，カルシウムを溶かしだし，

海で1単位の二酸化炭素を放出して石灰となり，堆積して石灰岩となる．同時に珪酸分に富む酸性岩ができる．酸性岩は海洋の地殻を構成する塩基性岩より軽いので，集められて大陸地殻となる．地球は誕生後，大気中二酸化炭素を減らし，大陸地殻の量を増やし，山を高くした（海については次に述べる）．

マントル対流（火山活動，逆風化作用，大陸移動）：核と地殻の間のマントルが対流することは上で述べたが，対流によって熱を地殻に運び，地表から宇宙に放出する．これを半減期の長いウランなどの放射壊変の際に発生するエネルギーで補っているが，だんだん減少している．したがって，マントル対流はゆっくり弱まる．

この対流でマントルに引きずり込まれた地殻の石灰岩と酸性岩（花崗岩質）は逆風化作用を受け，塩基性岩（玄武岩質）と二酸化炭素に戻り，大気の二酸化炭素を増やすことも起こる．ある時期に火山活動などが活発になることがあるが，かつての大気中濃度以上になることはない．逆に，火山活動が弱まれば大気中二酸化炭素濃度は減るが，後の生物活動によって減る程度よりは小さい．

また，対流するマントルは上に乗った陸の地殻を横に運ぶ．これが大陸移動である．地殻には割れ目があり，割れ目によって区切られた一つ一つをプレートという．

さらに，海洋プレートは，上の堆積物とともにマントルに取り込まれ，更新されるから，海洋地殻は薄く，厚みもあまり変わらない．深海底は，アイソスタシーも同程度に働くので，深海平原，深海盆となる．現在，その水深は5000m弱である．海洋の平均水深は3800m，地表に凸凹がなければ，地球の表面はすべて2700mの水に覆われることになる．地表が凸凹になったのは，より重い玄武岩質の地殻から大気の二酸化炭素がカルシウムを溶かしだし，軽い花崗岩質の珪酸塩と石灰岩の陸の地殻に変え，マントル対流に乗せて集めたからである．つまり，時とともに大気の二酸化炭素と塩基性岩が減り，石灰岩と酸性岩が増え，地表の凸凹の度合いも大きくなった．現在は，地球表面の70％が海だが，初期の地球では大部分が海だった．

生物活動：岩石の風化に次ぐ，大気中の二酸化炭素を減らした第2の原因は生物活動である．この後詳しく述べるが，地球が生まれ，海洋が生まれ，海に光合成生物が生まれ，二酸化炭素を酸素に変えた．その酸素は，還元物質を酸

化し，還元環境の海を酸化環境に変えた．時とともに酸素は貯まり，大気に出た酸素は，太陽紫外線で波長の長い紫外線までカットするオゾンとなり，生物が上陸できるようになった．根を大地に下ろした植物は，大部分の二酸化炭素を有機物（石炭石油など）と酸素に変えてしまった．現在21％の大気中酸素濃度は，二酸化炭素より4桁大きく，増減は主に二酸化炭素との変換によるから，この値が大きく変化することはない．

ミランコヴィッチ周期：最近の地球において，生物活動によってあまりに大きく大気中二酸化炭素が減少したので，ちょっとした日射の変動によって生物活動（光合成）そのものが支配されるようになっていた．その日射の変動がミランコヴィッチ周期によって起こる（後述する）．

1.4 海洋の誕生（40数億年前，1月某日）

宇宙存在度より地殻中濃度の方が小さい元素のグループがもう一つある．それは揮発性元素である．その多くが地球形成以前に失われたが，初期の地球が融けて成層化した時に気化し，マントルや地殻に入らないで，地球表層に現われ，大気や海洋の成分となった．それらは，大気の窒素（N_2）や二酸化炭素，海洋の水，塩素，イオウなどである．なお，水素分子とヘリウムは，気体としての分子運動速度が地球から宇宙に飛び出す脱出速度に匹敵するので，宇宙に逃げてしまったが，それ以外の成分は地球誕生時のものが現在の大気や海洋中に残っている．

マグマオーシャンともいわれる融けた地殻やマントルはやがて上部から固化し始めたが，その上には，地球内部から脱ガスされた気体成分があった．その上部で水（現在，地表には270気圧分の水がある）は気体の水蒸気であったが，下部の臨界点（373℃，218気圧）を超える部分は，気体でも液体でもない超臨界水であった．**超臨界水**に溶けた塩化水素は，岩石成分と中和し，ナトリウムなどを溶かし出していた．さらに気温が下がり，大部分の水蒸気が凝縮し，熱水となった頃には，液相は総量も化学組成も，現在の海水とそれほど変わらない海になっていた．初期の地球には塩化水素が溶けた酸性の海があったと書いた本があるが，脱ガスした塩化水素は直ちにまわりの岩石と反応するので，

表1-3 海水中の元素の平均滞留時間（年）の対数にほぼ等しい元素の海水／地殻濃度比（× 10^{10}）の対数

>10	Cl (12.2)	Br (11.4)	Ar (11.1)	S (10.6)	Ne (10.3)	
>9	N (9.8)	Na (9.6)	B (9.6)	C (9.1)	I (9.0)	
>8	Mg (8.8)	Sr (8.2)	K (8.2)	Ca (8.1)		
>7	Re (7.9)	Mo (7.8)	Li (7.8)	Se (7.5)	He (7.4)	F (7.3)
	Sb (7.2)	Cd (7.1)	U (7.0)	Rb (7.0)		
>6	As (6.8)	Rh (6.7)	O (6.0)	Cs (6.0)	Pd (6.0)	
>5	Ag (5.7)	P (5.7)	Ba (5.6)	Ir (5.6)	Os (5.3)	V (5.2)
	Pt (5.2)	Tl (5.1)				
>4	Si (4.9)	Zn (4.9)	Te (4.9)	Ni (4.9)	W (4.8)	Ge (4.7)
	Cu (4.6)	Au (4.6)	Cr (4.4)	Hg (4.1)		
>3	Y (3.9)	Lu (3.8)	Yb (3.8)	Tm (3.7)	Sn (3.7)	Er (3.7)
	Ho (3.6)	Dy (3.6)	Tb (3.6)	Gd (3.4)	Bi (3.4)	Eu (3.3)
	La (3.3)	Cd (3.2)	Sm (3.2)	Nd (3.1)	Pb (3.1)	Zr (3.0)
	Pr (3.0)					
>2	In (2.9)	Be (2.9)	Ga (2.9)	Co (2.6)	Sc (2.6)	Mn (2.3)
	Nb (2.2)	Ce (2.1)	Hf (2.1)	Ta (2.1)		
>1	Th (1.3)	Ti (1.2)				
>0	Fe (0.6)	Al (0.6)				

それはあり得ない．こうして出来上がった海水の主成分組成は，現在と比べて，硫酸イオン濃度が多少低いだけだった（後に海が酸化環境になったときに増加した）．

　揮発性元素は，マントル物質が融解した時に大部分は放出されてしまった．現在では，水を含めて火山活動を通して出てくる揮発性元素の多くは，地表とマントルの間をマントル対流によって循環しているものである．海水中の陰イオンはこれらの揮発性元素からなる．一方，陽イオンであるアルカリ金属やアルカリ土類金属は，陰イオンとバランスするように岩石から溶けだしたものである．表1-2には，現在の海水中成分の濃度もあげてある．放射性で一時的にしか存在しない超微量成分は除いてあるが，海水中には，すべての元素が存在する．しかし，陽イオンのナトリウムイオン，マグネシウムイオン，カルシウムイオン，カリウムイオンと，陰イオンの塩化物イオンと硫酸イオンの6成分で，全成分の99.8％を占める．

　海洋における反応性の指標となる各化学成分の平均滞留時間は，海水中の総存在量を1年間に海洋から除去される量または定常状態なら供給される量で

割った値で，年単位になる．しかし，年間の除去量や供給量を見積もることは極めて難しい．そこで，単に海水中濃度を地殻物質中濃度で割った比を１千万倍した値を表1-3にあげた．これは平均滞留時間ではないが，極めて簡単に算出でき，元素ごとの比較が可能で，桁では平均滞留時間と同程度になる．この数字が百万以上の元素（表1-3の >6以上）は，大部分が海水に溶けており，粒子になっても，その大部分が堆積物になる前に溶解，再生している．なお，海底上で再生する元素は，深層／表層の濃度比が１より大きくなる．また，この数字が百万から１万まで（>5 〜 >3）の元素は，溶けてはいるが反応性が大きく，深層／表層の濃度比の大きなものが多い．１万以下（>3以下）の元素は反応性が大きく，溶けておらず，深層／表層の濃度比は大きくない．

1.5 還元環境下の海に生物誕生（38億年以前，３月１日以前）

　地球を融かした熱が地球圏外へ放出されるにしたがってれ，また，マントルが固化してマントル対流が不活発になるにつれ，地表や海水の温度は下がり，生命活動の開始が可能となった．しかし，いつ，どこで始まったかは定かではない．地球に残された生命活動の最古の記録は，38億年前の堆積岩にあるシアノバクテリア（ラン藻）の化石である．従って，少なくとも38億年前には，海に生物(植物)がいた．このシアノバクテリアは，太陽光の届く浅い海に生息する光合成細菌である．光を利用しないで，硫化水素やメタンなどを使って炭素を有機物に変える化学合成細菌もいるが，これが進化して，現世の生物になった形跡はない．

　生命が生まれたときの海が現在の海と決定的に違う点は，海水に酸素（O_2）が溶けておらず，還元環境だったことである．還元環境下の海水中では，特に動物の生命活動が致命的なものとなる．当時の海には現在の酸化環境とは異なった化学形で存在した元素があった．化学形が異なると，溶解度が異なる場合が多い．還元形の方が溶けやすい金属の代表が鉄とマンガンである．ただ，鉄は，硫化物イオンがあると，硫化鉄となって沈殿する．逆に，酸化形の方が溶けやすい金属には，ウランやモリブデンなどがある．

　海水中成分を還元されやすいものから順に並べると，酸素分子，二酸化塩，

ヨウ素酸塩，セレン酸塩，硝酸塩，二酸化マンガン，クロム酸塩，ヒ酸塩，3価鉄，ウラニル塩，硫酸塩，炭酸塩，水となる．エネルギー的に酸化されやすい順に並べると，水素分子，メタン，硫化水素イオン，4価ウラン，2価鉄，亜ヒ酸，3価クロム，2価マンガン，亜硝酸塩，亜セレン酸塩，ヨウ化物塩，2価鉛，水となる．酸化還元反応は最も平衡になりにくく，反応を進めるのに必要な活性化エネルギーを小さくする触媒や酵素が必要な場合が多い．生命が生まれたとき，還元形で存在したのは，2価鉄，4価ウランと多くの硫化物までで，通常は炭酸塩や水が大量に還元されることはない．酸素が加わったとき，それを量的に最も多く消費したのは硫化物，次いで2価鉄だった．

1.6 酸化環境の出現（25億年前頃，6月14日頃）

　生物が誕生しても，地球史の約3割の期間は，海水中に酸素が溶けていない還元環境だった．これは植物の働きが小さかったからでもあるが，植物が光合成で生産した酸素が片端から還元物質の酸化に使われていた．酸素は，メタンやイオウの酸化に使われ，2価鉄の酸化にも使われ始めていたのである．酸化されたイオウは，遊離イオウや亜硫酸も含め，硫化物だった．硫化物には溶解度の小さいものが多いが，長い時間をかけて海底などで生物体と接触しながら酸化し，溶解度の大きな硫酸塩に変わっていった．そして25億年前，溶存酸素が海水に残り始める頃，海水の主成分組成がほぼ確定した．

　ストロマトライト（縞状炭酸塩岩）ができ，酸化環境が出現すると，優占する生物種も変わり，酸素の生産も加速するようになった．この酸素は2価鉄（第1鉄）の酸化に使われた．水酸化第1鉄の溶解積は 1×10^{15} で，pHにもよるが第1鉄塩はかなり高濃度で溶けていた．水酸化第2鉄は溶解度が極めて小さいので，海に供給された第1鉄は第2鉄になって沈殿した．これが鉄鉱石となり，世界の主な**鉄鉱床**はこの時代に出来た．

　もう一つ，この時代に出来たのが**ウラン鉱床**である．ウランは鉄とは逆に酸化環境で溶け，還元環境で沈殿する．また，ウランは微量成分である．それで，ウランは酸化環境になって硫化物が酸化されると動き出し，有機物が貯まる局所的な還元環境で捕捉され，2次的な濃集過程を経て鉱床となった．従って，

ウラン鉱床は鉄鉱床のように普遍的なものではなかった．

1.7 生物が彩りを与えた最近の地球環境と海

1.7.1 先カンブリア時代末期（5.4億年前まで，11月17日まで）

　地球の歴史の半分近くが過ぎ，海水中に酸素が貯まりだしたとはいえ，まだ増加速度は極めて緩やかなものだった．それは，陸上や海面近くでは，太陽からの紫外線で植物を殺してしまうからである．大気中に酸素が増えると，この紫外線が遮られる．これには，大気上層に達した酸素による吸収と，酸素から光化学反応で生じた**オゾン（O_3）**による吸収とがある．そして，このうちオゾンの方が，可視光に近く，量が多い紫外線を遮るため，酸素より生命の生存にとって重要である．

　海水中酸素の増加率が小さかったもう一つの理由は，大気が，海水に溶けにくい酸素の大きな貯蔵庫だったからである．酸素は大気中に海水の約200倍量存在し，大気中の酸素はモル比で二酸化炭素の500倍量存在する．二酸化炭素は逆に海水の方に大気の50倍量（現在の値）が存在するが，大気と海洋を合わせても酸素の方が二酸化炭素より10倍多い．解離しない酸素の場合，表面水と大気中での濃度はほぼ比例するから，その増加には長時間が必要だった．

　全地球史の半分近い還元環境時代を含めて8分の7が過ぎようとする頃，遂に，海水および大気中の酸素濃度は，生成したオゾンが紫外線を遮り，浅瀬に生物が棲める程度にまで増加した．すると，「生物量が増え，酸素が増え，紫外線が減り，生物量が増え」という正のフィードバックループが急速に回転し始めた．これが古生代である．

　6億年ほど前，最初の多細胞動物が出現した．エディアカラ生物群といい，海底に棲み，現世の生物に似た形態のものはなく，明らかな頭，口，消化器官はなかった．古生代に生き延びた動物としては，器官や神経系はなく，体内に水を取り込み，食物の粒子をろ過して食べていた海綿動物，袋状の体内に単純な消化器官を備え，口はあるが肛門はなく，微細な刺細胞（刺胞）の付いた触手を使って食物を捕らえていたイソギンチャク，クラゲやサンゴ，液体で満た

された体腔を持ち，皮膚を通して呼吸していた，体節のある環形動物だった．この時代の最後に規模は不明だが，生物種の絶滅が起きた可能性がある．

1.7.2　古生代

カンブリア紀（5.4億年前から，11月18日から11月23日まで）

まだ動植物は海だけだったが，この時代の地層から貝殻を持つ腕足動物や外骨格と関節を持った節足動物など多種類の動物の化石が見つかり，生物が著しく進化した時代だったことが分かったことから，**カンブリア大爆発**といわれる．

この紀を代表する動物は，節足動物の三葉虫である．大きいものは60cmを越え，古生代末には17,000種以上になっていた．また，人間などの脊椎動物が属す脊索動物も出現した．最古の原始的な脊索動物は，カンブリア紀後期のミミズに似たピカイアとされたが，より最近，中国で見つかった澄江動物群にカンブリア紀前期の脊椎動物亜門に属する種が見つかっている．

カンブリア紀末には生物の大量絶滅が何度も起き，殻に覆われた腕足動物の多くをはじめ，さまざまな生物が絶滅し，三葉虫も数を大きく減らした．

オルドビス紀（4.9億年前から，11月23日から11月26日まで）

のちに分岐し，今のアフリカ，南アメリカ，南極，オーストラリアになる超大陸ゴンドワナができ，南へ移動を続け，最終的に南極点に落ち着いた．ゴンドワナから一部が分離し，超大陸ローレンシアに結合し，後に北アメリカとなった．

最高次捕食者になったのがカンブリア紀からの生き残りのオウムガイだった．もう一つの捕食者だったウナギのようなコノドントの系統は絶滅した．この時代の魚類は小さく，アゴがなく，ヤツメウナギのようだった．岩礁にはウミユリがおり，カブトガニがいたようだ．

このころ，最初の原始的な植物が陸地に出現した．オルドビス紀の最後に2番目の規模となる大量絶滅が起こり，全海洋動物種の少なくとも半分が姿を消した

シルル紀（4.4億年前から，11月26日から11月28日まで）

1.7 生物が彩りを与えた最近の地球環境と海

　シルル紀は暖かく，ゴンドワナ超大陸はまだ南極に位置していたが，オルドビス紀末にあった巨大な氷冠はほとんど溶けてなくなっていた．このころの地層に見られる砕けた貝殻からなる大量の堆積物が激しい嵐があったことを示している．

　この時期に多くの石灰岩が形成された．岩礁を構築する生物には，以前から生息していたコケムシなどのほかに，サンゴや層孔虫と呼ばれる海綿動物が堅い外殻を発達させ，微小な生物をトゲのある触手で捕らえて食べていた．食物連鎖の最上位には，サソリに似た，体長2mを超える，史上最大の節足動物のウミサソリがいた．魚類は多様化し，海底のエサを吸い込むだけでなく，捕食する物も現れた．トゲザメの仲間は，大きなアゴを持ち，シルル紀には大型化しなかったが，後に最上位の捕食者になる．

　ついに**動植物が陸上に進出**した．地面を這い回る虫も現れた．最初は小さくほんの2～3cmの大きさしかなかったが，この中には原始的なムカデやクモの祖先なども含まれていた．

　紀末には，陸地に根を張る植物が現れた．発達した堅い茎が大地から直立し，維管束を持ち，水と栄養分を搬送した．続いてコケ類などが水辺に現れ，水生動物の陸上への移行を助けた．紀末の生物絶滅は，他の紀に比べると小規模だった．

デボン紀（4.2億年前から，11月29日から12月4日まで）

　超大陸ゴンドワナが南極から離れて徐々に北上する一方で，現在の北アメリカ，ヨーロッパ北部，ロシア，そしてグリーンランドになる第2の超大陸ローラシアが赤道をまたがるように形成され始めた．

　デボン紀は，多様な魚類が出現し，魚の時代とも呼ばれる．この頃，頭部が骨板の板皮類が出現した．板皮類は，初期には軟体動物などの無脊椎動物を捕食していたが，後期には魚類を食いちぎる獰猛な怪物となり，体長も最大10mに達し，最も支配的な存在になった．しかし，これも長く続かず，骨板で覆われていない2つの分類群，サメやエイの祖先にあたる軟骨魚類と現世の魚の多くを占める硬骨魚類に代わった．硬骨魚類の肉鰭類（にくきるい，ヒレの付け根が肉質で厚みがある）は両生類へとつながり，恐竜や哺乳類に代表さ

れるすべての陸生四肢動物の祖先となる．"生きた化石"**シーラカンス**もこれに属す．

最近，この時代の地層から頭はワニのように平らで首のようなくびれがあり，ヒレには手首の構造があるなど，魚類と陸生脊椎動物の間をつなぐデボン紀後期の生物，ティクタアリクが発見された．また，初期の両生類は単純な肺または皮膚で呼吸をしていたと考えられている．またこの頃，タコやイカの近縁種である**アンモナイト類**が出現し，白亜紀末まで生存していた．

末期には最初の森林が出現し，高さ30mに達する種もあった．シダや種子植物も出現した．海生生物は紀末に最大で70％の種が死滅したとされているが，陸の植物は，大量絶滅で大きな被害を受けることはなかったようだ．

石炭紀（3.6億年前から，12月4日から12月8日まで）

この時代に大部分の石炭石油が一挙に作られ，大気の酸素は急増し，古生代の終わりにはほぼ現在と同じ濃度21％になった．石炭鉱床のほとんどがある現在の北アメリカやヨーロッパ北部，グリーンランドになった熱帯で湿潤なローラシア大陸は，南方への移動を再開した巨大で寒冷な超大陸ゴンドワナとは分断されていたと考えられている．この紀の終わりには，すべての大陸が1カ所に集まり始め，超大陸パンゲアになろうとしていた．

石炭は，低地に広がる木生シダ類などの沼沢林でできた．高温高湿下での酸素の急激な増加と動植物の大型化との間に正のフィードバックが働いた可能性もある．翼幅が75cmのトンボ，2mのムカデが現れた．ワニに似た最大6mの両生類も現れたが，出現したばかりのトカゲに似た爬虫類はまだ小さかった．

北米の石炭紀後期のメゾンクリーク層から腕足類やウミユリなどのほか，ツリモンストラムという奇妙な軟体動物の化石が出る．

二畳（ペルム）紀（3.0億年前から，12月8日から12月11日まで）

超大陸パンゲアができたが，南は寒く，北は季節変動が大きく，猛烈な暑さに襲われていた．石炭紀に生い茂っていた沼沢林も，しだいに針葉樹や乾燥に強い植物に置きかわっていった．

初期の爬虫類は両生類と置き換わり，新しい環境にうまく適応した．変温動

物が夜には氷点下になり，昼には40℃になる砂漠のような環境にも生息できるようになったのである．その後，哺乳類型爬虫類の獣弓類が自らの体内で体温を保つ方法を獲得し，**恒温動物**に進化した．獣弓類は，この紀の後期には，牙を持つ肉食獣から動きの鈍い草食獣まで，さまざまな形態を持ち，1トンを超える種もいた．後期に現れた小型の種は，温血で断熱のために体毛をまとっており，哺乳類はそこから進化したようだ．

　この紀の海は硬骨魚が支配した．広大な岩礁群に身を隠すイカに似たオウムガイ，らせん状に丸まった殻のアンモナイトなどの化石が広く見つかっている．

　古生代は，90％以上の海洋種と70％の地上動物が死に絶えた**史上最大の大量絶滅**で終わった．その原因にはいろいろな説があるが，いずれも推測の域を出ない．

1.7.3　中生代

三畳紀（2.5億年前から，12月12日から12月16日まで）

　三畳紀が始まる頃，一つの**超大陸パンゲア**ができた．巨大な海洋に囲まれ，内海を囲むＣの形をし，南北両極に向かって広がっていた．しかし，三畳紀が終わる頃，北のローラシア（ユーラメリカ）と南のゴンドワナに2分され始めた．内陸部は温暖で乾燥した気候が保たれ，極地も凍らなかった．

　海は絶滅を免れたアンモナイト，軟体動物，ウニ，サンゴや他の造礁生物などが急速に多様化しつつあった．食物連鎖の最上位は魚やイカなどを捕食していた魚竜やプレシオサウルスなどの大型爬虫類で，最下位は植物プランクトンだった．

　三畳紀の海岸，湖や川の水辺には，両生類や爬虫類が這い回っていた．爬虫類の翼竜が空を飛び始めた．地上では針葉樹や裸子植物の森が生い茂り，その地面をコケやシダが覆い，クモ，サソリ，ヤスデ，ムカデ，バッタなどがいた．この紀の後期に**最初の哺乳類**が登場し，恐竜が進化した．最初の哺乳類は，トガリネズミに似た体長1mほどのエオゾストロドンで，子どもを卵で産み，母乳で育てていた．最初の恐竜，2本足で立つ肉食のコエロフィシスは，体高最大2.7m，体重45kgまで成長した．その数百万年後には体長8mに達する草食恐竜が登場した．

紀末には大量絶滅があったが，恐竜は生き残った．

ジュラ紀（2.0億年前から，12月16日から12月19日まで）

前紀に始まった超大陸パンゲアの分裂は勢いを増し，まず北半分のローラシア大陸が北アメリカとユーラシアに分かれた．続いて南半分のゴンドワナ大陸も中期には分裂を始め，南極大陸，マダガスカル，インド，オーストラリアから成る東半分と，アフリカと南アメリカから成る西半分に切り離された．その結果，高温で乾燥していた地表は，亜熱帯風の多雨湿潤な気候に変化した．

海，特に新しくできた沿岸域には，多様な生物がいた．食物連鎖の頂点には，首長竜，巨大な海生ワニ，サメ，エイ，魚竜類，頭足類，アンモナイトなどがいた．暖かい海ではサンゴ礁が発達し，海綿や巻き貝，軟体動物も繁殖した．植物プランクトンが食物連鎖の最下位を占めた．

陸上は**恐竜の世界**で，最大は体長27m，体重は80t以上もあった．後期には，最古の鳥，始祖鳥が空を飛んでいた．恐竜の足下では初期の哺乳類の齧歯類（ネズミ目）が走り回っていた．

白亜紀（1.45億年前から，12月19日から12月26日まで）

活発な大陸移動で，紀末には超大陸パンゲアは完全に分裂し，各大陸がほぼ現在と同じ形になった．中期に気温が上昇したが，その後に寒冷化が始まった．そして，紀末に地球上の生物種の半分以上が絶滅する大事件が起こった．その原因として，現在のユカタン半島に巨大なクレーターがあることから，隕石落下説や，火山活動説がある．

この紀も，恐竜の時代だったが，新種の恐竜が現れ，大陸が分裂したので，群棲する鳥盤類は全域にいたが，大きな草食恐竜や背中に大きな帆を持つ肉食恐竜は南半球，後期のツノを持つ恐竜は北半球と別れた．

海では，大きな歯を持つ首長竜や海生爬虫類が，魚やアンモナイト，軟体動物を捕食し，内陸にまで棲んでいた．後期には，モササウルスというヘビに似た大型海生爬虫類に代わった．この頃，エイ，現生サメ類，ウニ，ヒトデも繁殖し，サンゴ礁も拡大を続けていた．ケイ酸塩の殻で覆われた植物プランクトンの**珪藻**が初めて海に広く分布した．

空には現段階で世界最大とされる翼竜が滑空していたが，鳥類が急速に種を増やし，両者の生存競争が厳しさを増していた．この時期に現生の水辺に棲むカイツブリや鵜，ペリカン，シギなどの祖先はすべて姿を現している．

大陸の分裂は，沿岸域を増やし，両生類や爬虫類に好都合だった．森ではネズミに似た哺乳類が走り回り，まもなく絶滅する恐竜の後釜として勢力を拡大しつつあった．その森では，**被子植物**が分布域を急速に広げ，裸子植物やシダ類を圧倒するようになった．

紀末の**大絶滅事件**で，恐竜や翼竜，首長竜，アンモナイトなどが消えた．

1.7.4 新生代

古第三紀（6600万年前から，12月26日17時から12月30日4時まで）

新生代に入ってから気温は少し上がり，5500万年前に極大となった．この時，現在1-3℃の大洋の底層水の水温，つまり，極域の表面水の水温は今より10℃高かった．しかし，熱帯域の水温は3℃程度しか変わらなかった．その後，底層水の水温は，3600万年前，1400万年前，300万年前に2-3℃ずつ三段跳びで下がり，現在と同レベルの値になった．

この紀の間に，大陸は現在の位置に向かって移動し，大西洋の幅が広がり，ヨーロッパと北米は離れ，オーストラリアと南極も離れた．

海には魚が満ちていたが，食物連鎖の最上位をサメが占め，中位に殻のないイカなど軟体動物頭足類が占めた．海底には現在に近い巻貝や二枚貝，新しい有孔虫やウニがいた．中期から後期にクジラが陸から海に進出した．

陸には小型の爬虫類，鳥類がいたが，主役は哺乳類で，大きさ，数，多様性，すべての面で圧倒し，現生のすべてが登場した．気候が寒冷化し乾燥化するのに伴い，北半球では森林に代わって，草原が広がった．海の植物では，珪藻が優占した．

新第三紀（2300万年前から，12月30日4時から12月31日19時まで）

この紀の初期，諸大陸はほぼ現在と同じ位置にあったが，大陸同士の衝突がおきて．インドとアジアの衝突がヒマラヤ山脈の造山運動を引き起こし，イタリアはヨーロッパに衝突してアルプス山脈を隆起させ，スペインはフランスと

ぶつかってピレネー山脈を形成した．北米では，ロッキー山脈，シエラネバダ山脈，カスケード山脈が隆起し，大気の循環や気候が変化した．この紀の終わりには，極域や高山に**氷床が発達**し，海面水位は，60mほど下がり，アフリカとユーラシア，ユーラシアと北米が陸でつながった．南米も北上して北米とつながり，パナマ地峡ができた．

　大陸がつながったことで，動物たちが新しい土地へ移動した．例えば，この時期にゾウや類人猿がアフリカからユーラシアへ渡ったと考えられている．気候変化で森林が草原に変わると，ウマが頑丈な歯を発達させたり，複数の部屋に分かれた胃を持つ反芻動物を繁栄させたりした．

　海では，大型褐藻類のケルプがラッコや海生哺乳類であるジュゴンに生息の場を与え，体長が15mに近い大型のサメが現れた．

　この紀が終わる頃，アジア類人猿とアフリカ類人猿が分かれ，ヒト属がアフリカ類人猿から生まれた．

第四紀更新世（260万年前から，12月31日19時から69秒前まで）

　新第三紀の後期から，地球は，氷期－間氷期の周期的変動を繰り返すようになってきた．それは，生物がつくった有機物が地中に埋まって大気の二酸化炭素濃度が減ったため，地球システムに働く**二酸化炭素による温室効果**と，地球の公転，自転の軌道要素の変動（**ミランコヴィッチ周期**と言う）による高緯度域への日射の変動との間のフィードバック過程が地球の気候を支配するようになってきたからだった．このフィードバック過程に海洋炭酸系が関与している．

　ミランコヴィッチ周期には，公転の楕円軌道の離心率が変動する10万年周期，自転軸の傾きが変動する4万1千年周期，自転軸の傾きの方向が歳差運動をする2万3千年と1万9千年周期がある．このうち，80万年前までは，4万年と2万年周期が卓越していたが，それ以降は10万年周期が卓越するようになった．それは，大気中二酸化炭素濃度があまりに減って温室効果が減少したため，3つの周期が重なったときにしか上のフィードバック過程で暖かい間氷期にならなかったからであろう．いずれにせよ，第四紀の氷期の二酸化炭素濃度は，植物による光合成ができる限界に近いところに減っていた．

　最近の地球では，12万年ほど前，ぽんと暖かい間氷期となり，その後は激

1.7 生物が彩りを与えた最近の地球環境と海

しく氷期と間氷期を繰り返しながらだんだんと寒くなり，2万年ほど前に最低の**最終氷期**となった．その後1万5千年前頃より急に暖かくなり，一挙に氷床が溶けだし，北米の五大湖からマニトバにかけて大きなアガシー湖ができた．そして，1万3千年近く前，遂にミシシッピ川に流れていた融氷水の流れがセントローレンス川に変わり，低塩分水が北部大西洋の表層を覆った．そこは，冬，結氷した時，はじき出された重い高塩で低温の塩水が沈んで北大西洋深層水となり，深層循環が始まる海域だったが，表層を覆う低塩分水のため，深層循環が始まらなかった．その結果，暖流が北部大西洋にやってこず，北半球は氷期に逆戻りしてしまった．これを**新ドリアス期**といい，千年ほど寒期が続いたが，流れがミシシッピ川に戻り，間氷期が復活した．

氷期・間氷期の変動は陸の動植物には大きな影響を与えた．一部の哺乳類は巨大化して厚い毛皮を発達させては消えていった．一方，外洋の動物には致命的なものではなかった．常にクジラとサメが食物連鎖の最上位にあり，その下にラッコ，アザラシ，ジュゴン，魚類，イカ，甲殻類，ウニ，プランクトンなどが位置していた．

各大陸はほぼ現在の位置に収まっており，大陸移動によるわずかな動きがみられるだけだったが，氷床の増減で海水位が上下し，大陸棚が発達し，大陸の間に陸橋ができたり，海峡ができたりした．沿岸域の動植物は水陸ともに影響を受けた．

第四紀完新世（1万年前から，69秒前から現在）

新生代第四紀は人類の時代と言われる．ヒト属の最初の種が生まれたのが更新世の始めである．そして，現生のヒト，ホモ・サピエンスが生まれたのが二つ前の間氷期（20万年前）である．さらに，新ドリアス期の後の完新世で，文明が興り，日本では縄文時代に入った．その後，間氷期が1万年以上続いたことはなかったにもかかわらず，人類が大気中二酸化炭素を増やし，地球をさらに温暖化させる時代に入った．

COLUMN

海水中の化学成分

海水中には，量の多寡を問わなければ，地球上のすべての化学元素が存在する．もちろん，それらのうちのいくつかは，高エネルギーの宇宙線による核反応や放射壊変で生成した一時的に存在する元素であり，測定することさえ難しい元素である．現在までに測定値が報告された元素の平均的濃度を表1-4にあげた．これらは濾紙の目を抜ける溶存態とされる成分（小粒子かもしれない）の濃度である．

海水中には，多数の化学種（イオンや分子）が存在するが，多くの成分の濃度は低く，陽イオンの Na^+，Mg^{2+}，Ca^{2+}，K^+ と，陰イオンの Cl^- と SO_4^{2-} の6成分で，全化学成分の99.8%を占める．陰イオンは，初期の地球が融けた時に地球表層に集まった揮発性元素からなるものが多く，ハロゲン元素のほかは，硫酸塩，炭酸塩，ホウ酸塩など酸素酸塩類である．一方，代表的な陽イオンであるアルカリ金属やアルカリ土類金属元素は，陰イオンと中和するように地表の岩石から溶けだしたものである．

強電解質の濃厚溶液である海水のイオン強度は約 0.7 mol/kg である．従って，デバイ・ヒュッケルの式を使って活量係数を求めることができない．その結果，例えば，$CaCO_3$ の海水中での溶解積（溶解度）や炭酸 H_2CO_3 の解離定数（解離度）などの正確な値を，物理化学の教科書にある無限希釈溶液における定数の値から計算することができない．そこで，海洋化学者は，用いる物理化学的定数は，海水を使って自らが実測するとともに，海水そのものを溶媒（水溶液の水に相当）として取り扱うことにした．すなわち，各成分の濃度を [g または mol/kg 海水] の単位で表す．こうすれば，物理化学の理論（[g または mol/kg 溶媒]）

表1-4 海水中の主要成分の濃度
左：Dittmar(1884)，右：現在最も確からしい値

Cl	19.354	19.353
Na	10.702	10.766
SO4	2.691	2.708
Mg	1.310	1.293
Ca	0.419	0.413
K	0.387	0.403
CO3	0.145	0.142
Br	0.0659	0.0674

（塩分35‰の海水，単位は g/kg）

1.7 生物が彩りを与えた最近の地球環境と海

をそのまま適用できるが, [g または mol/l 溶液] を使う分析化学とは, 単位系が異なることになる.

参考文献

Broecker, W. S. and E. Clark (2003) : CaCO3 dissolution in the deep sea: Paced by insolation cycles. Geochem. Geophys. Geosyst. 4: 10.1029/2002GC000450.

Jaccard, S. L., G. H. Haug, D. M. Sigman, T. F. Pedersen, H. R. Thierstein and U Rohl (2005) : Glacial/interglacial changes in subarctic North Pacific stratification. Science 308: 1003-1006.

Narita, H., M. Sato, S. Tsunogai, M. Murayama, M. Ikehara, T. Nakatsuka, M. Wakatsuchi, N. Harada and Y. Ujiie (2002) : Biogenic opal indicating less productive northwestern North Pacific during the glacial ages. Geophys. Res. Lett.: 29 (15) , 22, 1-4.

Nozaki, Y. (2001) : Elemental Distribution Overview, in Encyclopedia of Ocean Sciences ed. by J. H. Steele et al. , Vol. 2: 840–845, Academic Press, London.

Farrell, J. W. and W. L. Prell (1989) : Climatic change and CaCO3 preservation: An 800,000 year bathymetric reconstruction from the central Equatorial Pacific Ocean. Paleoceanogr.: 447-466.

Raymo, M. E., W. F. Ruddiman, N. J. Shackleton and D. W. Oppo (1990): Evolution of Atlantic–Pacific d・3C gradients over the last 2.5 m.y.. Earth Planet Sci. Lett.:97, 353-368.

Sato, M., H. Narita and S. Tsunogai (2002) : Barium increasing prior to opal during the last termination of glacial ages in the Okhotsk Sea sediments. J. Oceanogr.: 58, 461-467.

Tsuda, A. and 25 authors (2003) : A mesoscale iron enrichment in the western subarctic Pacific induces large centric diatom bloom. Science 300: 958-961.

角皆静男 (2002):川口ら,「有明海熊本沿岸におけるノリ不作年度の水質環境の特徴」に関するコメント. 海の研究, 11, 651-653.

角皆静男 (1979):植物プランクトン組成を決定する第一因子としての溶存ケ

参考文献

　　イ素.北大水産彙報,30,314-322.
Tsunogai, S. and Y. Watanabe (1983) : Role of dissolved silicate in the occurrence of phytoplankton bloom. J. Oceanogr. Soc. Japan, 39, 231-239.

"How to Build a Habitable Planet", Broecker, W. S., Eldigio Press, 1985
"The Glacial World According to Wally. 3rd Edition", Broecker, W. S., Eldigio Press, 2002
「地球化学」松尾禎士監修,講談社サイエンティフィク,1989
「海洋化学-化学で海を解く」,角皆静男・乗木新一郎産業図書,1983
「化学が解く海の謎 -赤潮・マリンスノー・マンガン団塊など- 科学ブックス 70」角皆静男, 共立出版, 1985
"CO2 in Seawater: Equilibrium, Kinetics, Isotopes. Elsevier Oceanography Series", 65, Zeebe, R. M. and D. Wolf-Gladrow, Elsevier, 2001

第2章 海底はめぐる

2.1 海底の地形

2.1.1 大規模な海底地形

　地球上における地形の面積の高さ分布を図2-1に示す（海面からの高さを1000mごとに区切って，それぞれどれくらい面積があるかを示したのが図2-1 (a)，高い方から面積の割合を順番に加えていったのが図2-1 (b))．地球表面の地形は，海水面からの標高0-1,000mと水深4,000-5,000mの付近で，面積が極大となっている．前者のピークが陸地の地形に，後者は海底に相当する．陸上に山や谷があるように，海底にも様々な地形が存在している（口絵2-1)．海底の地形を大規模な地形の単位で分類すると，中央海嶺，大陸縁辺部，深海盆底の3つに区分される．

　中央海嶺（ちゅうおうかいれい：mid-oceanic ridge)は，海洋の中央部にそびえる，比高（深海盆底からの高さ）2,000-3,000m，長さ数百-数千kmに達する長大な海底山脈である．中央海嶺の山頂には，**中軸谷**（ちゅうじくだに：axial valley：**リフト**）と呼ばれる周囲よりもへこんだ谷状の深いくぼみが形成されている．中央海嶺で最も大規模なものは，大西洋中央部を北半球から南半球にかけて縦断する大西洋中央海嶺である．インド洋には，中部から南下して南東部・南西部の2つに分かれる逆Y字に中央海嶺が続いている．一方，太平洋においては，中央部ではなく南太平洋東部に東太平洋海嶺（幅広く緩やかであることから東太平洋海膨とも呼ばれる）が存在する．

　大陸縁辺部（たいりくえんぺんぶ：continental margin)は，大陸や島の周辺にある海底地形であり，大陸棚，大陸斜面，コンチネンタルライズ，海溝より構成されている．大陸縁辺部の地形は2つの異なった型に代表される．1つは大陸棚・大陸斜面の沖に海溝がある太平洋型で，活動的大陸縁辺部と呼ばれる．海溝は，海洋プレートが大陸プレートの下に沈み込む境界に相当し，陸側

2.1 海底の地形

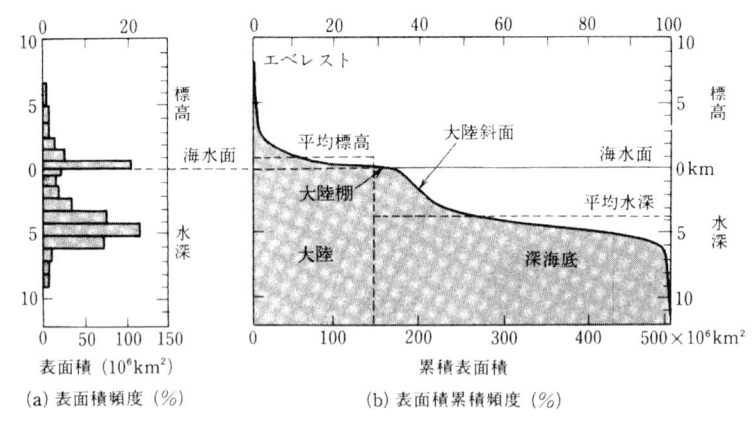

図2-1 固体地球表面の高さ分布（小林, 1977）
(a) 表面積ヒストグラム, (b) 各標高以上の表面積を加え合わせたもの.

で火山活動が活発である．もう1つは大陸棚・大陸斜面の沖に緩斜面と平坦な海底がつづく大西洋型で，非活動的大陸縁辺部とも呼ばれる．大西洋では同一のプレートに大陸地殻と海洋地殻が共存する地域が多く，そのような場合は両地殻の間にプレート境界はない．

深海盆底（しんかいぼんてい：deep ocean basin floor）は，水深5,000m前後の平坦で盆地状の形態をしており，中央海嶺と大陸縁辺部の間に位置する広大な地域である．深海盆底の大部分は深海平原と呼ばれる平坦な海底で，その地殻表面には堆積物がたまっている．この平原の中に，海山，海山列，深海海丘，海嶺等の高まりの地形が分布する．

COLUMN

山の高さはどこから測る？

「土地の高さを表す標高や海抜って何を基準にしているか知ってる？」
「日本では，東京湾の平均海面を標高0mとして測られているよ．海面の高さは潮汐や波等で変化するから，それらが全くない静水面を計算して平均海面の高さを求めているんだよ．ちなみに，昔は標高と海抜は基準となる高さが違っていたんだけれども，現在は同じ基準が使われているので，正式には海抜という言葉は使われなくなったね．」

2.1.2 小・中規模な海底地形（図2-2）

大陸棚（たいりくだな：continental shelf）：大陸または島の周囲において，低潮線から深海に向かって傾斜が著しく増大するところまでの平らな地域．大陸棚には，海底谷や海底段丘が分布する．（例：東シナ海大陸棚）

大陸斜面（たいりくしゃめん：continental slope）：大陸棚の外縁から，**コンチネンタルライズ**（continental rise：大陸斜面から深海平原をつなぐ滑らかで緩やかな斜面の地形）の始まるところにいたる斜面，あるいは傾斜が急に減少するところまでの斜面．

海底谷（かいていこく：submarine canyon）：大陸斜面における比較的狭く深いくぼみ．両側は急な斜面で，底は連続的に下降する傾斜をもつ．（例：ハドソン海底谷）

深海平原（しんかいへいげん：abyssal plain）：深海においてほぼ平坦か緩く傾斜する地域．

海丘（かいきゅう：knoll）：海底における比高1,000m以下の小さな高まり．

海山（かいざん：seamount）：周囲の海底から1,000m以上の高さの独立した円錐形の高まり．特に，頂上が平坦な海山は，**ギョー**（guyot：平頂海山）と呼ばれる．また，海山や島が線上に並び，山の麓が平坦な海底によって分けられているものを**海山列**（かいざんれつ：seamount chain）と呼ぶ．（例：天皇海山列）

海膨（かいぼう：rise）・**海台**（かいだい：oceanic plateau）：海膨・海台は，**深海底**（大陸棚の外側に広がる海底：図2-1参照）より1,000-3,000m浅く，数十-100km程度の広がりを持った地形である．海膨は，海底から緩く滑らかに盛り上がった幅広く長い高まりであるのに対し，海台は，頂上が広くほぼ平坦な地域で，一方またはそれ以上の側面で急に深くなっている．

深海長谷（しんかいちょうこく：deep-sea channel）：通常海底扇状地または深海平原において，連続的に傾斜する細長いくぼみ．通常は片側または両側に自然堤防がある．（例：富山深海長谷）

海盆（かいぼん：basin）：平面的にみておおよそ丸いくぼみ．（例：日本海盆，北西太平洋海盆）

2.1 海底の地形

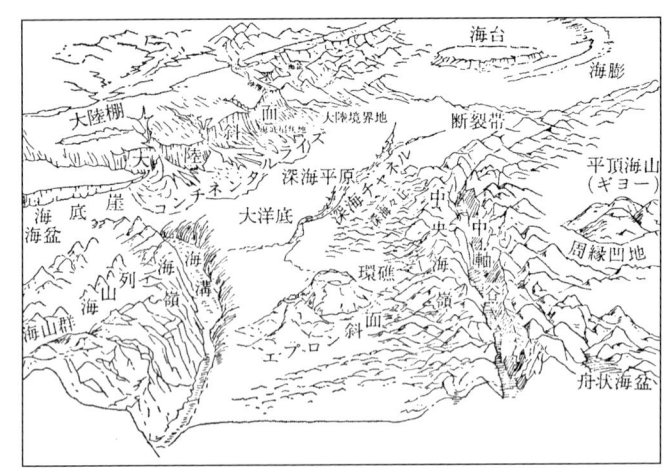

図2-2 いろいろな海底地形（佐藤，1981）

舟状海盆（しゅうじょうかいぼん：trough：**トラフ**）：深さが6,000m以下の細長いくぼみで，平坦な底と比較的緩い斜面を特徴としている．トラフと呼ばれることが多く，通常海溝よりも幅広い．（例：南海トラフ，小笠原トラフ）

海溝（かいこう：trench）：比較的急な斜面によって囲まれた6,000m以上の深さの細長いくぼみ．（例：千島・カムチャッカ海溝，日本海溝，伊豆・小笠原海溝）

断裂帯（だんれつたい：fracture zone）：海嶺やトラフ，海山，海底崖等の海底地形が著しく長い距離にわたって直線的に続く地帯．（例：メンドシノ断列帯，ロマンシェ断列帯）

環礁（かんしょう：atoll）：比較的浅い海底においてサンゴ礁が環状をなす地形で，赤道の周囲に多数存在する．環の内側は，礁湖（しょうこ：lagoon）と呼ばれる．（例：ビキニ環礁）

2.2 固体地球のアシソスタシー

2.2.1 地球の内部構造とアイソスタシー

　固体地球の内部は，化学組成が異なる様々な層（図2-3：中心から，内核，外核，マントル，地殻）より形成されている．**マントル**は，地殻を構成する岩石よりも重い「かんらん石」で主に構成されており，密度の違いにより，上部マントルと下部マントルに分かれる．地殻は，花崗岩等の岩石からなる厚さ30-50kmの**大陸地殻**と主に玄武岩からなる厚さ6‐7kmの**海洋地殻**に分類される．

　一方，地球の内部を硬さで区別すると，その構造は別の深さで分けることができる．地殻と上部マントルの最上部は，**プレート**と呼ばれる厚さ70-140kmの固い部分（**リソスフェア**）を形成しており，その下では，固体ではあるが高温で流動性が高い厚さ200-300kmのマントル（**アセノスフェア**）が長い時間をかけて対流している．このように，リソスフェアがアセノスフェアに浮かんでいるとする考え方を**アイソスタシー**という．

2.2.2 大陸移動説と海洋底拡大説

　1910年代にドイツのウェーゲナーは，「南米大陸とアフリカ大陸は，かつて1つの大陸であったが，東西に分裂して少しずつ移動し現在の配置になった」とする**大陸移動説**を提唱した．この考えの根拠としては，両大陸の対岸において，海岸線の形が相似し，地質構造や氷河の痕跡，化石の分布も類似すること等が挙げられた．1950年代になって，海底の古地磁気が中央海嶺を中心に左右対称の縞模様上に分布することが明らかにされ，「海洋地殻は海嶺で形成され，左右に広がっている」とする**海洋底拡大説**が生まれた．ウェーゲナーの大陸移動説と海洋底拡大説は，1960年代に入ってプレートテクトニクスという理論へとつながっていく．

2.2.3 プレートテクトニクスとプルームテクトニクス

　プレートテクトニクスとは，「地球の表面は十数枚の固い板状のプレートで

2.2 固体地球のアイソスタシー

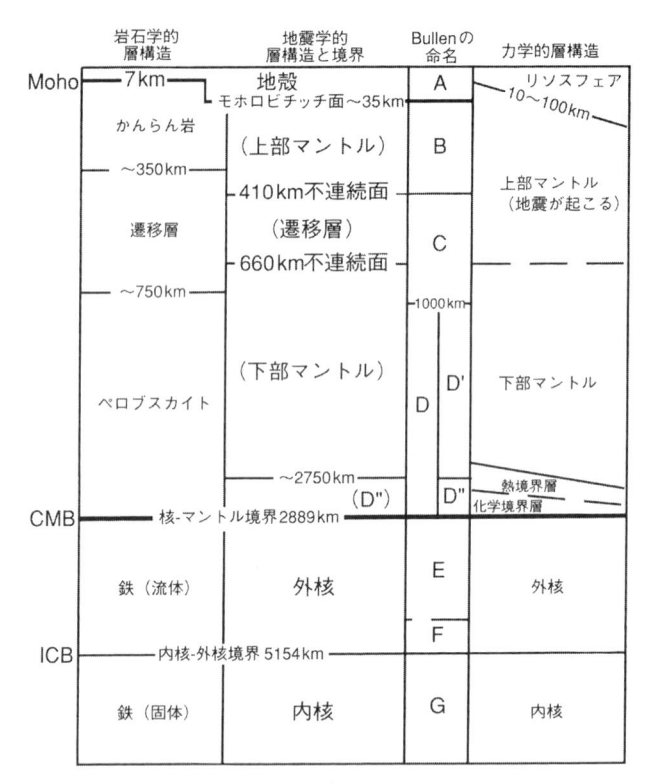

岩石学的層構造	地震学的層構造と境界	Bullenの命名	力学的層構造
Moho ─ 7km	地殻 モホロビチッチ面～35km	A	リソスフェア 10～100km
かんらん岩	(上部マントル)	B	
～350km	410km不連続面		上部マントル (地震が起こる)
遷移層	(遷移層)	C	
～750km	660km不連続面		
	─1000km─		
ペロブスカイト	(下部マントル)	D' / D	下部マントル
	～2750km (D")	D"	熱境界層 / 化学境界層
CMB ─	核-マントル境界 2889km		
鉄 (流体)	外核	E	外核
		F	
ICB ─	内核-外核境界 5154km		
鉄 (固体)	内核	G	内核

図2-3　地球の内部構造（川勝, 2002）

構成されており,各プレートの相対運動により様々な地質現象が起きる」とする理論である.プレートテクトニクスによれば,プレート上の地形はあまり変形せず,プレートとプレートの境界に地質現象が集中する（図2-5：2.2.4を参照).

中央海嶺は,大規模な火山活動によって地下深部からマントルが上昇し,新しい海洋地殻が誕生する場所である（図2-5).海洋地殻とマントル最上部は一体になって**海洋プレート**を形成し,中軸谷をはさんだ両側へ1年間に数cmから十数cmの速度で拡大している.海洋プレートは,海嶺から離れるにつれて冷却され,さらにその基底にアセノスフェアの溶融物質が付いて,少しずつマントルの中へと沈降していくが,最終的にはプレート境界で**大陸プレート**と

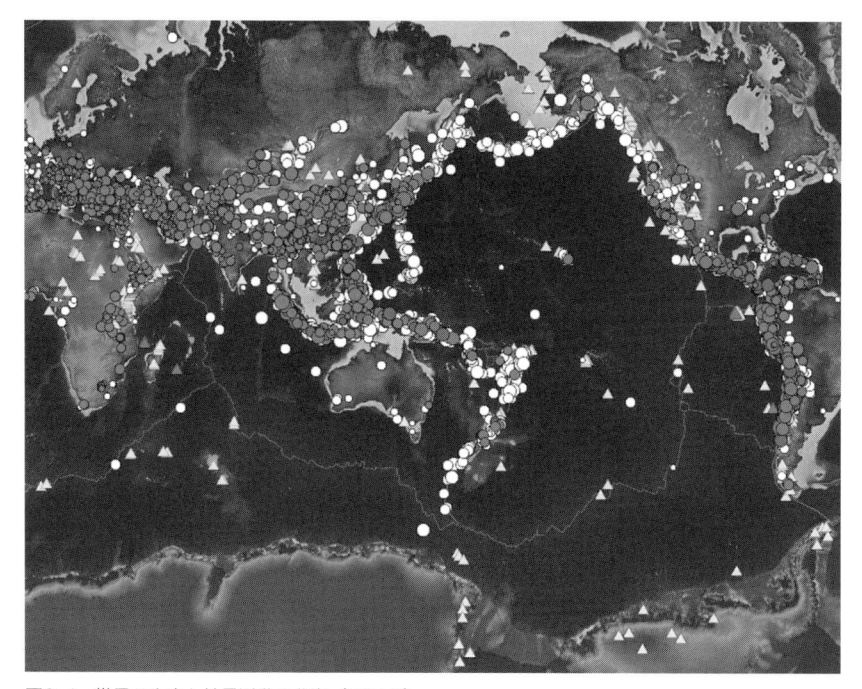

図2-4 世界の火山と地震活動の分布(NOAA)

衝突して海溝やトラフで地下深くに沈み込む．プレートテクトニクス理論により，ウェーゲナーの大陸移動説，巨大な中央海嶺や海溝の形成，火山・地震の分布と発生原因，海底表面の古地磁気の記録等の様々な地質現象を説明できるようになった．

一方，プレートを動かすマントルの移動を説明する新しい理論として，**プルームテクトニクス**が議論されている．マントル中には，外核との境界からマントルの上部へと湧き上がるキノコ型の上昇流（**ホットプルーム**）と，上部下部のマントルの境界付近から外核境界までの下降流（**コールドプルーム**）により，ゆっくりとしたマントル対流が形成されている．海嶺・海膨やホットスポット（2.2.4を参照）の成因は，これらのプルームの活動に関連していると推測されている．

2.2 固体地球のアイソスタシー

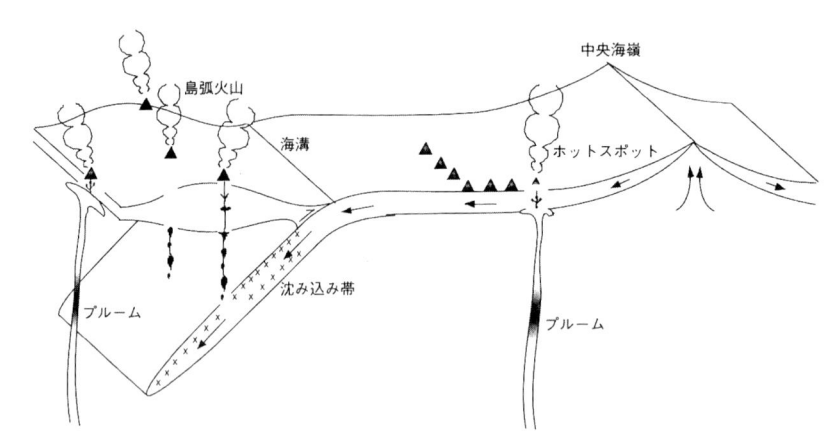

図2-5 プレートテクトニクスと火山活動（川勝，2002）

2.2.4 海底の火山活動

　地球上の火山や地震の発生は，プレート境界の周辺に集中している（図2-4）．このことは，プレート境界において海洋プレートが生まれたり沈み込む際に，火山活動が活発になることを示している．

　海嶺や海膨は，2つの海洋プレートが**離れるプレート境界**に位置している．この部分では，地球内部から高温で流動性に富むマントル物質が上昇している．深い場所にあったマントル物質は，高圧下では固体であるが，地殻との境界で圧力が下がると一部が融解して**マグマ**となる．地殻中において形成された**マグマ溜まり**は火山活動の原動力となる．プレートの移動により海洋地殻に亀裂が入り，マグマが海底へと噴出したり岩脈として地下で冷え固まって，海嶺や海膨が形成される．

　一方，海溝やトラフは，海洋プレートが大陸プレートの下に**沈み込むプレート境界**に相当する．海洋プレートが一定の深度まで沈み込むと，岩石の一部が融解してマグマとなり上昇し，日本列島のように海溝に平行した**島弧**（とうこ）の火山帯が形成される．

　プレート境界の活動とは別の第3の火山活動として，**ホットスポット**が挙げられる（図2-5）．ホットスポットでは，マントル深部より地殻に向けて細く

柱状にマントル物質が上昇している．ホットスポットの位置はプレート運動と比較してほとんど動かないので，その上をプレートが通過すると，プレート上で線状に連続して火山が生まれる．太平洋北部における天皇海山列からハワイ諸島，またマーシャル諸島における線状諸島や海山列は，ホットスポットから供給されたマグマでつくられた火山島の連なりである．

海嶺や海底火山の周囲の深海底でみられる地質現象の1つに熱水の噴出がある．**熱水噴出孔**は，直下までマグマが上がっている深海底に多くみられる．深海の高圧下，300度以上の熱水が噴出しており，周囲の海底には重金属や硫黄が析出する．

2.3 海底の堆積物

2.3.1 海底堆積物の分類と組成

海底堆積物は，海洋地殻の表面に様々な起源の粒子が降り積もってできた混合物であり，陸からの距離と水深を基準として，**外洋性堆積物**と**沿岸性堆積物**に大きく分類される．また，堆積物の成因によって海底堆積物を大別すると，岩石起源，生物起源，水起源に分けられる．**岩石起源**とは，岩石が風化してできた土壌粒子が海水中で物理的・化学的な変化をあまり受けずに堆積する場合である．**生物起源**は，海洋生物の光合成やバイオミネラリゼーション（生物鉱物化作用）に由来する場合であり，**水起源**は，海水や間隙水中から直接の化学反応により無機化合物の沈殿が生成したものである．

海底堆積物が堆積後に**間隙水**（堆積物の粒子間に含まれる水）とともに化学的・物理的・生物学的変化を受けて堆積岩になる過程を総称して**続成作用**といい，特に，堆積物の表層数メートルの中で生じる変化を**初期続成作用**という．初期続成作用では，有機物の酸化分解とともに間隙水中の酸素が減少し，それに伴い堆積物-間隙水間で様々な酸化還元反応や鉱物の生成反応が生じる．

2.3.2 陸から運ばれた堆積物

陸から海底に運ばれた堆積物は，陸上において岩石が風化作用により砕かれ

て生成した土壌粒子や陸上植物が分解した有機物に由来する．これらの粒子は，大気や河川，氷河を経由して陸から海水中に運ばれる．沿岸では，河川経由の陸由来堆積物が優先している．河川により運ばれた大きな粒子は河口近くに沈積し，小さな粒子は大陸縁辺部まで到達する．一方，陸地から遠く離れた外洋では，大気を経由して微粒子がエアロゾルとして運ばれ，海底に堆積して**粘土鉱物**となる．北太平洋では，中国大陸からの黄砂がよく知られている．太平洋の中央部では，約半分の面積が粘土鉱物を主成分とする褐色の堆積物で占められている．粘土鉱物の主要成分は**アルミノケイ酸塩**で，岩石の種類としては，カオリナイト，モンモリロナイト，イライト，緑泥石，石英，長石など様々である．

2.3.3 海洋生物が生産した堆積物

陸からの堆積物が届かない外洋性堆積物では，生物起源の有機物，ケイ酸塩，炭酸塩がしばしば主要な構成成分となる．外洋において生物起源物質を生産する主要な担い手は，海洋植物プランクトンである．海洋表層の**有光層**において，海洋植物プランクトンは，光合成等の生物活動により有機物やケイ酸塩，炭酸塩を生産する．**ケイ酸塩**は，ケイ藻（植物プランクトン）や放散虫（動物プランクトン）が形成する骨格に由来している．また，**炭酸塩**は，主に炭酸カルシウムより構成されており，円石藻（植物プランクトン）が細胞表面に付けているうろこ状の円石（ココリス）や有孔虫・翼足虫（動物プランクトン）の骨格に由来する．

海洋表層の植物プランクトンは，時間の経過とともに，動物プランクトンや魚に補食されて糞粒（faecal pellet）となったり，生物遺体や有機物片となる．これらの有機物粒子は8，9割が有光層中で分解されるが，残りは土壌粒子や金属酸化物等と集合体を形成し，沈降粒子として海底へと沈んでいく．海水中において大量の沈降粒子がゆっくりと漂う様子は，あたかも雪が降り注ぐようにみえることから**マリンスノー**と名付けられている（図2-6）．

陸由来よりも生物由来の沈降粒子が多い海域では，堆積物は生物由来の化合物で占められることになる．ただし，沈降粒子が海底へ到達するまでの間や海底に堆積してからの比較的早い段階で，有機物の多くはバクテリアなどの微生

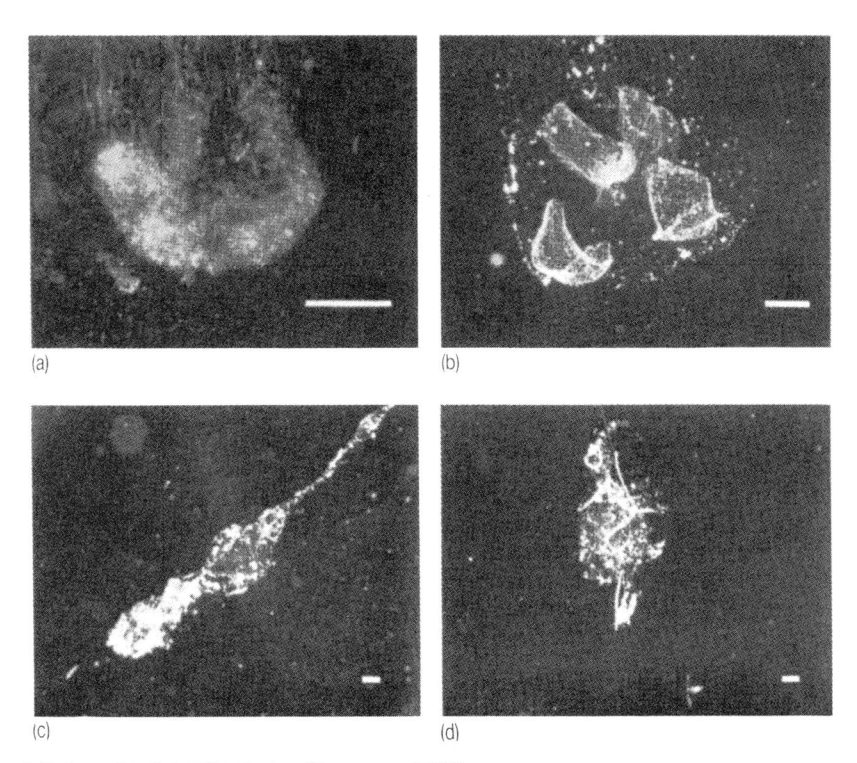

図2-6 いろいろなマリンスノー(Bearman, 1989)

物の働きにより分解される．結果として，残ったケイ酸塩や炭酸塩が海洋堆積物の主要成分となる．

2.3.4 海底堆積物の組成と分布

口絵2-2に世界の海底堆積物の主要な構成成分を示す．口絵2-1の海底地形図と比較すると，大西洋やインド洋，南太平洋等の比較的水深が浅い海底では，炭酸カルシウムを主成分とする炭酸塩が優占していることが分かる．一般に，海水中の溶存炭酸カルシウム濃度は，浅い水深では飽和しており，水深が深くなって未飽和度が高くなると，ある水深**（炭酸塩補償深度）**から炭酸カルシウム結晶の溶解が急激に進むようになる．炭酸カルシウムの飽和度は，海域や結晶形によって異なる．例えば，北太平洋におけるカルサイト（方解石：炭酸カ

ルシウムの結晶形の一つ）は，水深約700mまでは過飽和で，炭酸塩補償深度は約3,700mである．炭酸塩補償深度よりも深い海底では，沈降粒子に含まれる炭酸塩は海底に到達するまでに溶けるので，海底堆積物中にはほとんどみられなくなる．一方，太平洋赤道域や南極海周辺の海底では，水深に関わらずケイ酸塩を多く含む堆積物が分布している．ケイ酸塩は，炭酸塩のように海水中で溶解することがほとんどないため，ケイ藻プランクトンが大量に発生する海域の堆積物中で多くなる．

2.3.5 化学反応により生成した堆積物

水起源の堆積物は，海水や間隙水中に溶けている成分から化学反応により生成した無機化合物（**自生鉱物**）である．鉄やアルミニウムの酸化物は，海水中における溶解度が低く，海洋に供給されると粒子態になったり吸着するなどして沈降粒子となり海底に堆積する．また，堆積物中に存在する，**マンガン団塊（マンガンノジュール）** と呼ばれるマンガン酸化物の塊も自生鉱物に分類される．その他の自生鉱物としては，硫酸塩，硫化物，リン酸塩等が挙げられる．

2.4 深海の生物

2.4.1 深海の世界と魚類

海洋生態系において，太陽光は重要な役割を果たしている．植物が光合成により生産する有機物は，生態系を支えるエネルギー物質として食物連鎖を通して利用される．また，多くの動物は，光により物の存在を感知する．したがって，海水中における太陽光の深度分布は，その水深に生息する生物の種類に大きく影響する．このような生物学的視点から海の深さをおおまかに大別すると，200m以浅の**表層**，200-1,000mまでの**中層**，1,000m以深の**深海層**に区分できる（図2-7）．表層には，海洋植物プランクトンの増殖に十分な太陽光が届いており，これらを食物とする多くの魚や動物プランクトンが生息している．それに対して，中層は弱光の環境である．眼で感じられる程度の光は存在しても植物プランクトンの生育には不足している．深海層は，光が全く感じられな

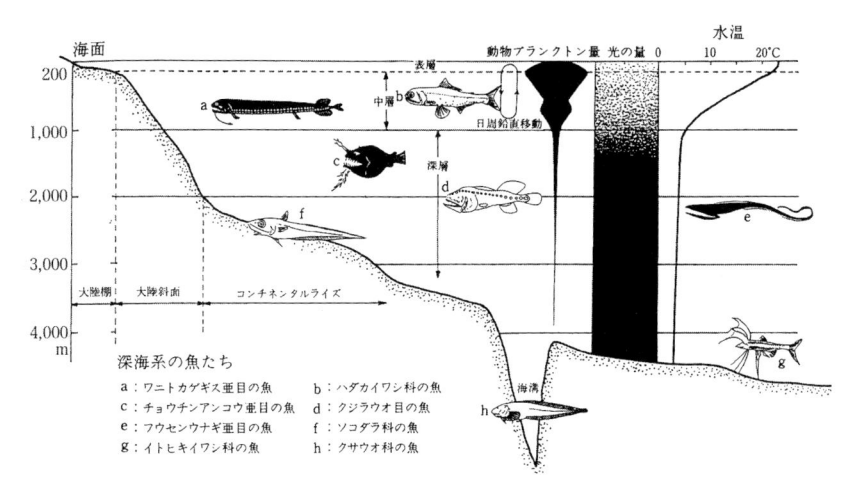

図2-7 深海系の魚と環境の概念図（日本海洋学会，1991）

い真っ暗な世界である．植物が生息できない環境であり，表層の生態系からも切り離されている．

　広大な海洋の大部分を占める中層・深海層は，弱光あるいは無光で，食物となる植物プランクトンの量は少なく，しかも水深が深くなればなるほど，水圧が高くなり水温は低下する．中層や深海層に生息する魚類の中には，このような生存に過酷な条件に対応するため，独自の進化をとげているものが多い．例えば，中層に生息する**中層魚類**のいくつかは，暗闇に対応するために発達した眼を持っている．これらの魚やプランクトンの一部は，昼夜を認識して**日周鉛直移動**を行う．昼には中層に生息し，夜になると表層に上がって餌を補食すると考えられている．また，中層魚の多くは，発光器を有している．魚の発光器には，仲間や雄雌を識別したり，食物となる生物を誘因したりする他，自分の影を消して外敵から身を守る役目があると考えられている．一方，深海層では，生産性の高い表層から大きく離れているので，生物の種類や個体数は少なくなる．多くの**深海魚類**の眼は小さく退化し，発光器をもつ魚の種類も減少する．一部の深海魚は，視覚の代わりに，振動や臭いを感じる器官を発達させて，エサの補食に役立てている．

2.4 深海の生物

2.4.2 深海底のベントス

　水域において，底質に生息する生物を総称して**ベントス（底生生物）**という．ベントスの中には底生植物も含まれるが，光が届かない深海底には底生動物しか生息できない．ベントスは，大きさによって，マクロ，メイオ，ミクロの順に分けられる．体長が0.1mm以下のミクロベントスは微生物に分類される場合もあるが，メイオベントス（0.1-1mm），マクロベントス（1mm以上）は動物として扱われる．ベントスの中には，岩石や生物殻等に付着してほとんど動かない付着生物も含まれる．深海底のベントスには，イカ，エビ，オキアミ類等に発光する種類もある．

　深海底におけるベントスの食物（エネルギー源）は，2つに分類される．ほとんどのベントスは，海洋表層で植物プランクトンが光合成により生産した有機物が様々な経路を経て海底に堆積したものを食物としている．表層の有機物は，海水中を沈降する過程で徐々に分解されるので，深海ほどベントスが摂取できる有機物量は減少する．その結果，深海底におけるベントスは，多少の例外を除けば，水深とともに体長が小型になり，単位面積あたりの個体数は指数関数的に減少する．また，表層で植物プランクトンの生産が活発な海域では，深海底への有機物の供給量が多く，ベントスの現存量も高い．陸に近い海溝には陸起源の有機物が多く供給されるので，遠洋に位置する同じ水深の海溝よりもベントスが豊富である．ベントスの分布は，有機物の供給量の変化に応じて，季節的に変化することもある．例えば，大西洋のロックオール海盆では，ベントスの食物となる植物プランクトンの遺骸が春の増殖期に深海底まで大量に供給され，有機物がヘドロのように堆積する．そこに生息するウニやクモヒトデは，この時期に合わせて季節的に産卵することが報告されている．

　ベントスのもう1つのエネルギー源は，海底の熱水噴出孔や冷水湧出孔より供給される硫黄化合物やメタンである．噴出孔の周囲には，これらの化合物を酸化することによってエネルギーを得ることのできる化学合成細菌や古細菌が繁殖している．これらの微生物は，いわば，メタンや硫黄化合物を食べて生きている．更に，噴出孔の周囲には，ハオリムシ，カニ類，イソギンチャク類，イガイ類，シロウリガイ類等の生物群集が分布する．これらの生物の大部分は

移動能力が低く，細菌を体内に共生させたり，細菌や細菌を摂食する深海生物を食物にしてエネルギーを得ている．このように，深海底の熱水噴出孔の周辺に形成される生態系を**化学合成生態系**という．

参考文献

「地球ダイナミクスとトモグラフィー」川勝均編，朝倉書店，2002．

「生物海洋学入門第2版」ラリー・パーソンズ，講談社サイエンティフィック，2005．

「堆積物の化学 海洋科学基礎講座12」東海大学出版会，1972．

「地球のしくみ」新生出版社，2007．

「海洋大辞典」和達清夫監修，東京堂出版，1999．

「海洋底地球科学」小林和男，東京大学出版会，1977．

「深海底と大陸棚」佐藤任弘，共立出版，1981．

「海と地球環境」日本海洋学会，東京大学出版会，1991．

"Ocean Chemistry and Deep-sea Sediments", G. Bearman, Pergamon, 1989.

第3章 海水はめぐる

3.1 海水の流れと大気の流れ

　海の流れは，川の流れのようなものだろうか？海水は絶えず動いているが，それはむしろ川の流れというより，大気の流れ，すなわち風に近い．川には始まり（水源）と終わり（河口）があり，また川岸という側面の境界があるが，海の流れにははっきりした始まりと終わり，そして境界はない．海の流れには，流れの速いところ，遅いところがあるだけで，それらの流れはつながっていて切れ目がない．風に明確な始まりと終わりや境界がないのと同じである．

　われわれが地上で感じる風，あるいは，天気図に示されるような風は，絶えず変化している．たとえば，北半球の中緯度に住むわれわれは，低気圧（温帯低気圧）が接近してくると南寄りの風が吹き，低気圧が通過した後には北寄りの風が吹くことは，よく知っている．海にも大気の低気圧や高気圧に相当するもの（**中規模渦**と呼ばれる）があり，これに伴う時間的・空間的に大きく変化する流れが存在する．ただし，大気に比べてその空間スケールは小さく，時間スケールは長い．大気の低気圧の広がり（空間スケール）は1000km程度，発生から発達，衰退までにかかる時間（時間スケール）は数日であるのに対して，海のそれは，空間スケールが100km程度，時間スケールが数ヶ月程度である（図3-1）．

　一方，大気には，帆船時代に大洋を渡る航海に利用された貿易風に代表されるほぼ決まった向きに吹く風がある．日本が位置する緯度帯でも，風は低気圧・高気圧の通過に伴って変化するものの，低気圧・高気圧は西から東に移動する．これは，背景に大きなスケールの西風（偏西風）が吹いているからである．また，その上空には，ジェット気流という強く集中した西風が吹いている．海にも，貿易風や偏西風に相当する，ほぼ決まった向きの大きなスケールの流れが存在する．また，ジェット気流のような，狭い範囲に集中した流れもある．切れ目なくめぐっている海水のうち，そのようなほぼ決まった向きに比較的大

3.2 表層の流れ

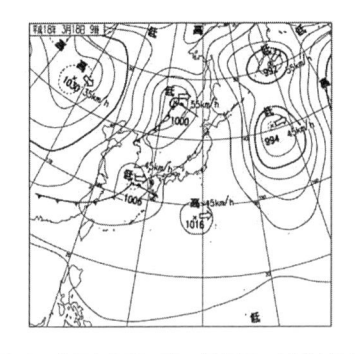

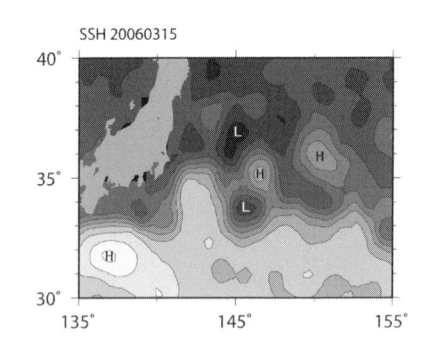

図3-1 大気と海洋の高・低気圧．左図は気象庁ホームページ「日々の天気図」より．右図は人工衛星が計測した海面高度．濃いところほど低い．海面高度が周囲に比べて低い（高い）ところが低（高）気圧に相当する中規模渦である．等高線の間隔は20cm．

きな速さで流れている部分を**海流**と呼んでいる．

　本章の目的は，海水が世界の海をめぐる実態とその仕組みの概略について理解することである．そのためのウォーミングアップとして，ここではわれわれになじみの深い大気の循環と海水の循環との類似性をとりあげ，気圧の分布と風の関係を引き合いに出した．風が気圧の分布と密接に関係しているように，海の流れも圧力の分布と密接に関係している．3.2節では，海洋の表面付近の流れの実態を概観し，流れと圧力の関係を理解した上で，流れの仕組みを考えよう．

3.2 表層の流れ

3.2.1 表層流の実態

　海水は世界の海を3次元的にめぐっているが，流れの強いところは主に表層にある．ここでいう表層，つまり，大規模海洋循環を記述する際の表層とは，海面から深さ数百メートルまでを指す．表層の流れを概観するために，太平洋の海面における流れのパターンを推定した例を図3-2に示す（Reid, 1997）．図中の曲線の意味については3.2.2節で説明するが，ここではひとまず流れのパターンを表すものと理解してほしい．流れの向きは矢で示されている．曲線

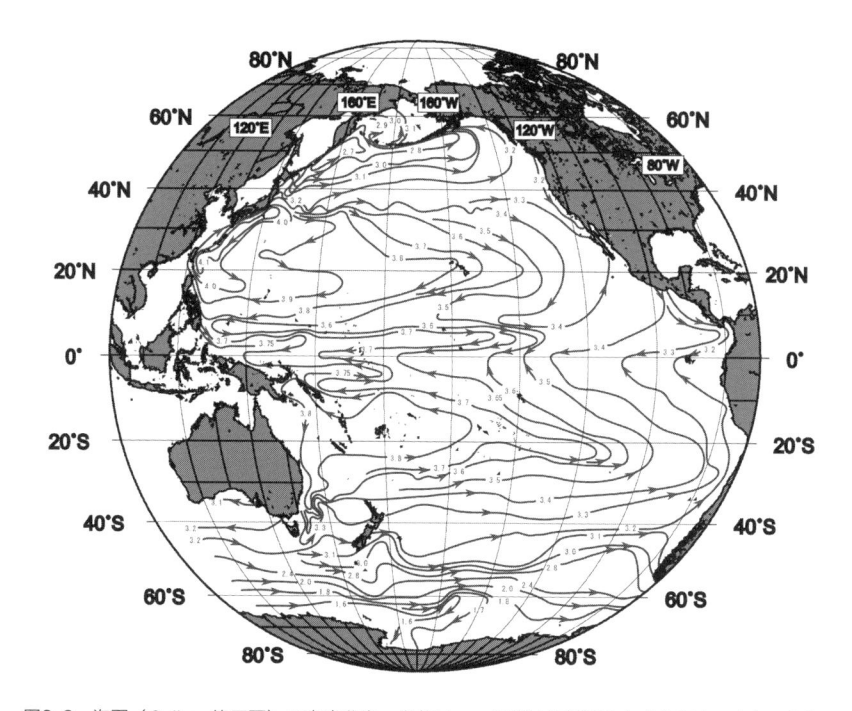

図3-2 海面（0 dbar 等圧面）の高度分布．単位はm．矢印は地衡流の向きを表す．なお，1dbar（デシバール）＝100hPa（ヘクトパスカル）＝0.1気圧．デシバール単位で測った水圧の値はメートル単位での深度にほぼ等しい．（Reid, 1997, Fig.5（a）を一部改変）

が密集しているほど流れが速いことを表している．また，表層の流れは，通常，海面付近で最も速く，深くなるほど遅くなるものの，おおよそ図3-2のような流れのパターンが，数百メートルの深さまで及んでいると考えてよい．

北太平洋に着目すると，北緯10度から40度にかけて大きな時計回りの循環パターンがある．この循環を**亜熱帯循環**と呼ぶ．亜熱帯循環は同心円状のパターンではなく，東西方向に著しく非対称になっている．すなわち，海の東端（東岸）から西端（西岸）のすぐ近くまで南東または南西向きの流れが大きく広がっていて，西岸に沿ってのみ北西または北東向きに流れている．曲線の混み具合から，西岸に沿う流れは亜熱帯循環の中で最も強いことがわかる．台湾付近から本州南岸に至るこの強い流れが**黒潮**である．西岸に沿う狭い範囲を西岸境界とよび，西岸境界を流れる強い海流を一般に**西岸境界流**とよぶ．つまり，

3.2 表層の流れ

黒潮は北太平洋亜熱帯循環の西岸境界流である．黒潮の流れは，西岸を離れた後も東向きの強い流れとなって経度180度付近まで続いている．この流れは**黒潮続流**と呼ばれる．黒潮続流から南西または南東向きに流れが枝分かれしていき，黒潮続流自体は東に行くにつれて弱まっていく．枝分かれした流れの大部分はやがて北緯10度付近を西に向かう流れとなり，西岸に達して，黒潮につながる．この西向きの流れが**北赤道海流**である．海水の南北方向の動きに着目すると，亜熱帯循環は，西岸境界付近を除く広い範囲で南向きに運ばれた海水が黒潮によって西岸境界付近で北向きに戻されるようなパターンになっている．

北緯40度から60度には反時計回りの循環パターンがある．これは**亜寒帯循環**と呼ばれる．亜寒帯循環も東西に非対称で，広い範囲で北向きに運ばれた海水が西岸に沿う強い南西向きの流れによって南に戻されるようなパターンになっている．この流れ，すなわち亜寒帯循環の西岸境界流は**親潮**と呼ばれる．

黒潮は流速が最大毎秒2m以上に達し，幅は100km以上，深さは1000m以上にまで及ぶ巨大な海流であり，その輸送量は毎秒およそ5千万立方メートル（$50 \times 10^6 \mathrm{m}^3 \mathrm{s}^{-1}$）と見積もられている．これは，日本最大級の河川である信濃川の10万倍，世界最大の河川であるアマゾン川の200倍に相当する．親潮の流速は最大で毎秒0.5m程度と，黒潮に比べると遅いものの，流れがより深くまで及んでいることから，その輸送量は黒潮に匹敵すると考えられている．

南太平洋に目を転ずると，南緯40度から10度にかけて大きな反時計回りの循環パターンがある．南太平洋の亜熱帯循環である．北太平洋の亜熱帯循環とは赤道を挟んでほぼ対称なパターンになっており，西岸境界付近を除く広い範囲で赤道向きに運ばれた海水が，西岸に沿って極向きに戻される形になっている．南太平洋亜熱帯循環の西岸境界流は**東オーストラリア海流**と呼ばれる．一方，南太平洋には，北太平洋の亜寒帯循環に相当するパターンが見られない．南太平洋の亜寒帯域には西端と東端に岸がなく，東西に開いているためである．そのかわりに，陸地に遮られずに東向きに地球をめぐる**南極周極流**が存在する．この海流は表層から深層にまたがる世界最大の海流であり，幅1000km以上，深さ2000m以上に及ぶ．その輸送量は毎秒およそ1億3千万立方メートル（$130 \times 10^6 \mathrm{m}^3 \mathrm{s}^{-1}$）にも達する．

表層の海流を世界の海について模式的に示したのが口絵3-1である．亜寒帯

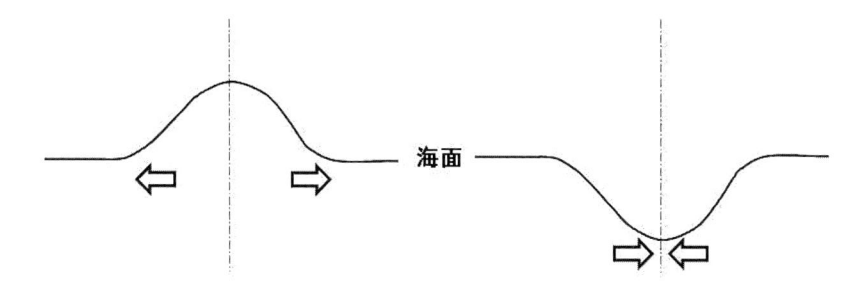

図3-3 海面の凹凸とその下の海水にはたらく圧力傾度力.

域に西岸と東岸をもつ北大西洋には，北太平洋と同様に，亜熱帯循環と亜寒帯循環が存在する．北大西洋の亜熱帯循環の西岸境界流は**湾流（ガルフストリーム）** である．湾流は，しばしば黒潮と対比される海流であり，その輸送量は黒潮を凌ぐ．一方，南大西洋とインド洋には亜熱帯循環は存在するが，南太平洋と同様に，亜寒帯循環は存在しない．南大西洋とインド洋の亜熱帯循環の西岸境界流はそれぞれ**ブラジル海流**と**アガラス海流**である．このように，南北太平洋，南北大西洋，インド洋の各大洋の表層の流れには，陸地の分布に起因する相違はあるものの，類似性があることがわかる．この類似性は，表層循環を駆動するメカニズムと関係がある．3.2.2節と3.2.3節で，表層の流れが引き起こされるメカニズムを説明しよう．

3.2.2 海面の起伏と流れの関係 —地衡流

前節で概観した世界の海の表層の流れがどうして生じているのか，その仕組みを考えるために，まず，太平洋の流れを示すのに用いた図3-2の曲線の意味を説明する．海に流れも波もなく，海水が静止していたとしたら，海面は水平面になるはずである．これはコップの水の表面が水平面になるのと同じである．風が引き起こす波や潮汐による海面の上下動は，ある程度の時間で平均すれば除去できる．しかし，このような上下動を平均した海面（以後，この平均海面を単に海面と呼ぶ）も水平面ではないことがわかっている．つまり，海面には起伏がある．図3-2は，太平洋における海面の起伏（海面高度分布）を見積もったものである．図中の曲線は等高線であり，等高線に付いている数字は，

3.2 表層の流れ

海面より少しだけ低い，ある基準となる水平面からの高さをメートル単位で表したものと考えてよい．南北太平洋を通じて海面が最も高いのは，本州のすぐ南の海域であり，北太平洋で最も低い北海道の北東方，千島列島の東側の海域よりも約1.5m高く，南半球まで含めて最も低い南極の周りの海域よりも約2.5m高い．このような海面の起伏はどのようにして保たれているのだろうか．

海面が盛り上がっているところでは，海水を周囲に広げて水平にしようとする力が働いていることが想像できるだろう（図3–3）．逆に，海面が窪んでいるところには，周囲から水を集めて水平にしようとする力がはたらいている．この力は水平方向の**圧力傾度力**と呼ばれるもので，水平面上で圧力に差があるときに，その差に比例して圧力が相対的に高い方から低い方に向かってはたらく力である．海面下の水平面を想像して，その面上の圧力の分布を考える．水平面上の圧力はその上に載っている海水の重さに比例すると考えてよいので，盛り上がった海面の下の圧力は，周囲に比べて高い．つまり，盛り上がりの中心から周囲に向かって圧力傾度力がはたらいている．一方，海面の窪みの下では，周囲より圧力が低くなっているため，周囲から窪みの中心に向かう圧力傾度力がはたらいている．言い換えるなら，海面の盛り上がりは，海面近傍の水平面上における高圧部（大気で言えば「高気圧」），窪みは低圧部（「低気圧」）に対応している．すなわち，海面高度の等高線は海面近傍の水平面上の等圧線を表していると考えてよい．

海面の起伏が保たれているということは，起伏を平らにしようとする圧力傾度力に抗する力がはたらいていることを意味している．この力は，自転している地球上において動いている物体にはたらく見かけの力，すなわち**コリオリの力（転向力）**である．コリオリの力は，北半球では運動の向きに対して直角右向きに，南半球では直角左向きにはたらく．また，その大きさは運動の速さに比例する．つまり，海水が速く流れるほど大きなコリオリの力がはたらく．コリオリの力が圧力傾度力を打ち消している，すなわち，この2つの力がつり合っているということは，そのコリオリの力をもたらすだけの流れが存在しているということである．北半球の場合，海面が盛り上がっているところ（高圧部）では，盛り上がりの中心に向かうコリオリの力がはたらいている，すなわち，盛り上がりの中心を右手に見るような流れになっているはずである（図

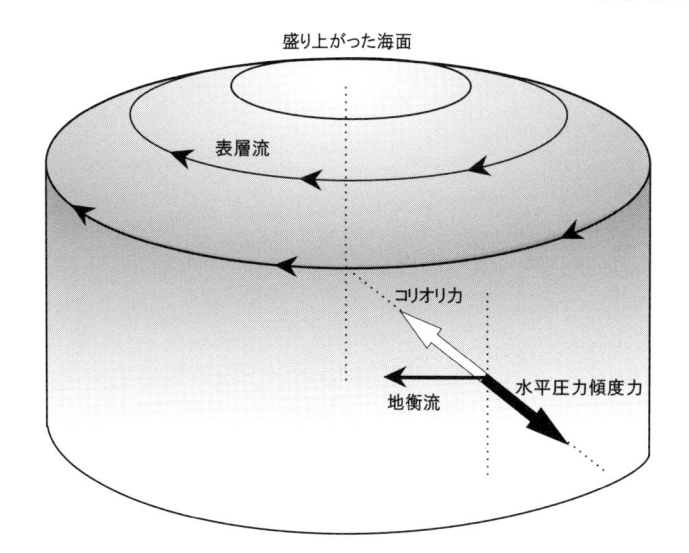

図3-4 海面の盛り上がり（海面近傍の水平面上の高圧部）にともなう流れの向きとコリオリの力．

3-4)．一方，海面が窪んでいるところ（低圧部）では，窪みの中心から外側に向かうコリオリの力，すなわち窪みの中心を左手に見るような流れが存在している．つまり，海面が盛り上がっているところでは，その中心のまわりを時計回りに，窪んでいるところでは反時計回りに流れている．

　圧力傾度力およびコリオリの力，流れの関係を図3-2の等高線にあてはめてみよう．圧力傾度力は等高線に直角に傾斜を下る向きにはたらいている．したがって，コリオリの力は等高線に直角に斜面を上る向きにはたらいている．このとき，北半球なら，海水は等高線に沿って海面が高い方を右手に見るように流れている．図3-2の等高線上の矢はそのような向きに付けられていることがわかるだろう．一方，等高線の間隔が狭いほど，すなわち海面の傾斜が急なほど，圧力傾度力は大きい．したがって，等高線の間隔が密なところほどコリオリの力が強く，したがって流れも速い．このように圧力傾度力とコリオリの力がつりあった，等圧線（この場合，海面の等高線）に沿う流れを**地衡流**と呼ぶ．海洋の大規模な流れは地衡流とみなすことができ，図3-2の等高線は地衡流のパターンと強さを表しているわけである．

　亜熱帯循環は，頂上が西に偏った海面の盛り上がり（中心が西に偏った大き

な高圧部）に，亜寒帯循環は，底が西に偏った海面の窪み（中心が西に偏った大きな低圧部）にそれぞれ対応している．沿岸側から沖に向かって黒潮を越えようとすると，海面の傾斜を約100kmにわたって1mほど上ることになる．そこから東に向きを変え，北米沿岸に向かうと約1万kmにわたって斜面を約1m下ることになる．黒潮を横切るときの上りの傾斜の大きさは，北米沿岸まで下るときの傾斜のおよそ100倍である．このことは，黒潮の海面近くでの代表的な流速（約1 ms^{-1}程度）が，亜熱帯循環の西岸境界付近以外を南下する流れの速さ（0.01 ms^{-1}程度）の約100倍となっていることに対応している．海面の傾斜の大きさ，圧力傾度力，コリオリの力，地衡流の速さは互いに比例関係にあるからである．

3.2.3 表層の流れを駆動するもの ― 風成循環

　海面の起伏が表層の流れと表裏一体であること，すなわち，海面を水平にしようとする圧力傾度力とコリオリの力がつり合うような地衡流が表層には実現していることを前節でみてきた．実は，この海面の起伏を作る原因こそが，表層の流れを引き起こしている原因なのである．ここでは，この表層循環の駆動力について説明する．

　海面は大気と接しており，風にさらされている．つまり，海面には風による摩擦力，すなわち**風応力**が作用している．図3-5に風応力の分布を示す．風応力は風速が大きいほど大きく，また，風が向かう向きにはたらくので，この図は海上風のパターンを表していると思っても差し支えない．口絵3-1の表層循環の模式図と比べてみよう．北半球の亜熱帯循環に対応する場所には，偏西風と貿易風からなる時計周りの風が，亜寒帯循環の場所には，極東風と偏西風からなる反時計回りの風がそれぞれ吹いている．風の向きは循環の向きとおおよそ一致している．

　南半球の亜熱帯循環の場所にも，偏西風と貿易風からなる反時計回りの風が吹いており，これも表層循環の向きとほぼ一致している．表層循環は，海水が海上風の向きに引きずられて生じているのだろうか．実は，そうではない．表層循環が海面の起伏と表裏一体であることを思い出そう．以下に説明するように，この風のパターンは海面の起伏を生み出しているのである．

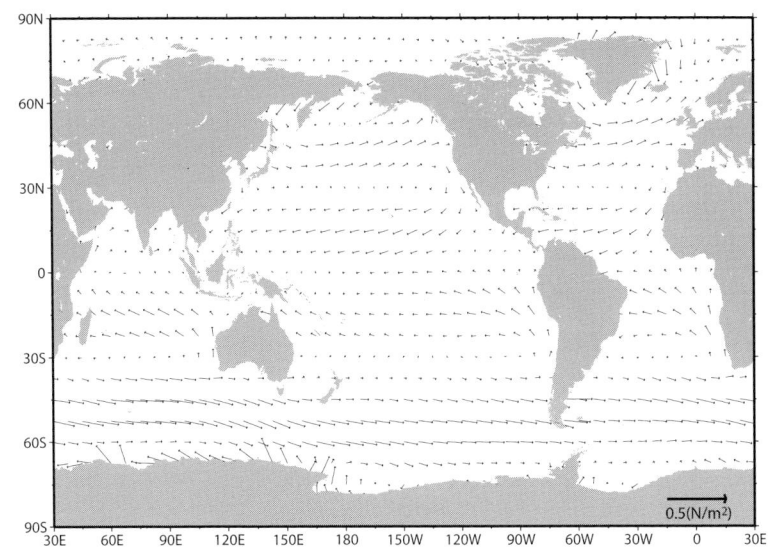

図3-5　風応力の分布（年平均気候値）.

　海上風の摩擦の効果について，思考実験をしてみよう．北半球において，無風状態で，海水も静止していたとしよう．ある瞬間に風が吹き始めると，海水は摩擦によって海上風と同じ向きに動き始める．動き始めると，運動の向きに直角右向きにコリオリの力がはたらいて，右寄りに曲げられるだろう．一方，風が吹き続ければ，海水の動き，すなわち流れは加速するはずである．しかし，絶えず吹き続けている貿易風や偏西風の下で，流れが加速し続けているわけではない．いったい何が起こっているのだろうか．

　風が吹き始めてから，時間を追って流れがどのように変化していくかという問題は，ここで扱う範囲を越えているので，一定の風が吹き続ける状況で，最終的にどのような流れが実現するかを考えよう．定常的に吹き続ける風の下では，図3-6に示すように，海面から数十メートルまでの深さの水が，全体として，風の向きに対して直角右向きに流れている．風の摩擦の効果で海水が動いているこの層を**エクマン層**，この流れを**エクマン輸送**とよぶ．エクマン輸送にはたらくコリオリの力は，風の向きとちょうど反対向きになることがわかるだろう．エクマン輸送の大きさは，コリオリの力が風応力とちょうど釣り合うよ

3.2 表層の流れ

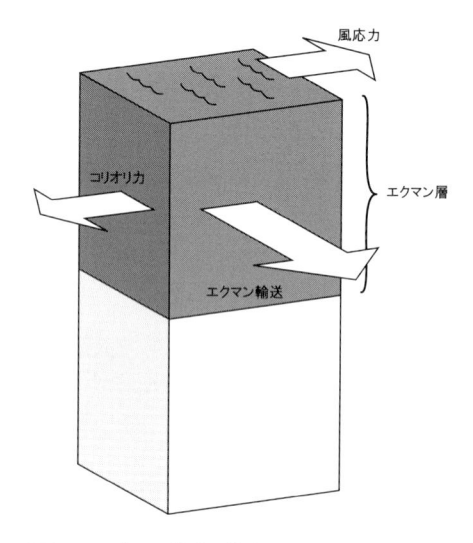

図3-6　エクマン輸送の模式図.

うなものになっている．そのため，吹き続ける風の下でも，海水はこれ以上加速されることはない．

　図3-5の風応力のパターンに伴うエクマン輸送を考えよう．たとえば，北半球では，西風の下で南向き，東風の下では北向きのエクマン輸送が生じている．すなわち，亜熱帯循環の緯度にあたる時計回りの風のパターンのところでは，エクマン輸送はその中心に向かうため収束する（図3-7）．この収束によって，海面は盛り上がる．一方，亜寒帯循環の緯度にあたる反時計回りの風のパターンのところでは，エクマン輸送は発散し，海面は窪む．これが，図3-2の海面の起伏の原因である．海上風がエクマン輸送を介して海面の起伏，すなわち水平面上の圧力分布を作り出し，これに応じた地衡流が実現している（図3-4）というのが，表層循環の本質である．このような仕組みによる表層の流れを**風成循環**という．

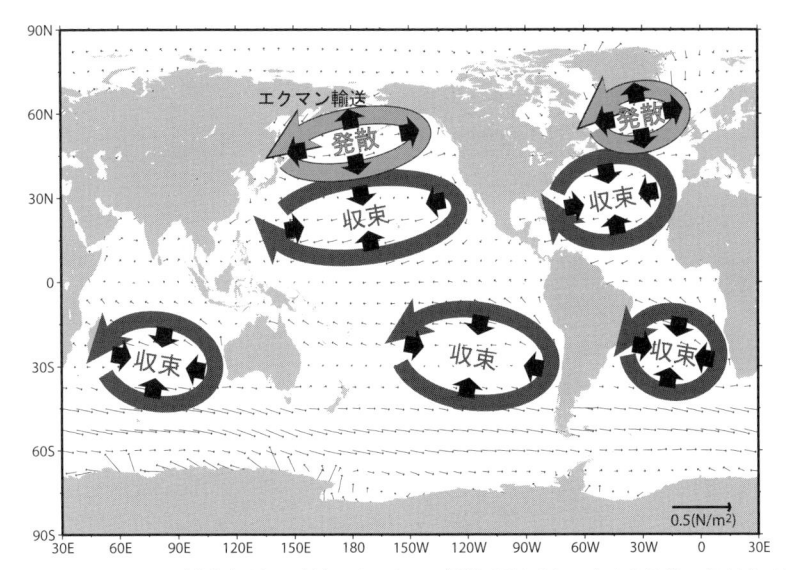

図3-7 風のパターン（曲線矢印）に対応したエクマン輸送（黒矢印）の収束と発散．収束域では海面が盛り上がり，発散域では窪む．

3.3 深層の流れ

3.3.1 深層流の実態

　太平洋における深層の大規模な流れを，まず，図3-8に示す4000dbar等圧面の高度分布から概観してみよう（Reid, 1997）．図3-2の海面（0 dbar等圧面）の高度分布のときと同様に，図の等値線は，4000dbar等圧面よりも少しだけ低い，ある基準となる水平面からの高さをメートル単位で表したものと考えてよい．等圧面高度が周りよりも高いところは，そのすぐ下の水平面上の圧力が周囲よりも高い，すなわち高圧部に対応している．つまり，この等高線は4000dbar等圧面近傍の水平面（深度約4000m）上の等圧線に相当し，地衡流のパターンを表している．地衡流は等高線に沿って，北半球の場合，高いほうを右手に見るように流れており，等高線の間隔が狭い（等圧面の傾斜が大きい）ところほど流速が大きい．4000dbar等圧面にも大きなスケールの起伏のパターンがあるが，高低差は最大で0.2mほどであり，海面の高低差の10分の

3.3 深層の流れ

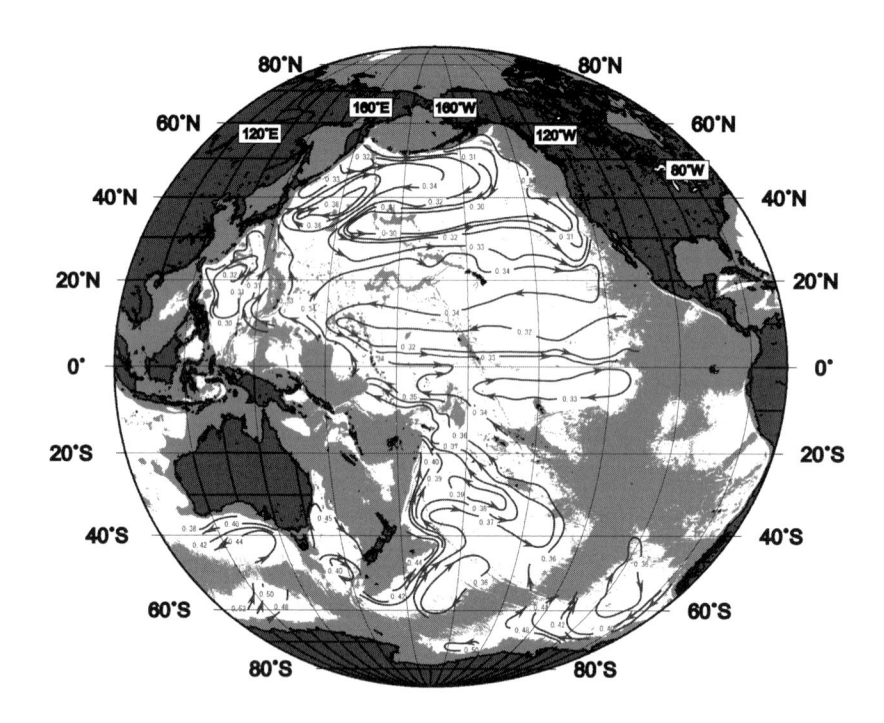

図3-8 4000dbar 等圧面の高度分布．単位は m．矢印は地衡流の向きを表す．(Reid, 1997, Fig.5 (k) を一部改変)

1以下であり，傾斜の大きさも表層の10分の1程度か，それ以下であることが読み取れるだろう．これは深層の流れが表層に比べてずっと遅いことを表している．

4000dbar 等圧面における循環のパターンは海面のそれとはかなり違う．南極付近の海から太平洋の西岸に沿って北向きの比較的強い流れが見られる．深層の西岸境界流である．北向きの流れの一部は日本付近にまで達し，別の一部は北太平洋の中緯度を東に広がっている．表層の流れが亜熱帯循環や亜寒帯循環などの閉じた循環で特徴づけられるのに対して，深層の流れのパターンの多くは閉じていないように見える．このような特徴は，深層の流れを次節に述べる表層から深層・底層までを結ぶ全球規模の3次元的な循環の一部と捉えることにより理解することができる．

3.3.2 全球をめぐる3次元循環

　さまざまな観測事実を組み合わせて描かれた全球をめぐる3次元循環像の例（Schmitz, 1996）を紹介しよう．口絵3-2は，南極のまわりの南大洋でつながる3大洋をめぐる3次元循環の模式図である．大洋間を行き来する流れのみを示し，各大洋内で閉じた循環は省いてある．海洋全体を鉛直方向に軽い（密度が小さい）ほうから**表層水**，**中層水**，**深層水**，**底層水**の4つの層に分けて循環を示してある．各密度帯の水が存在する深度は海域よって異なるが，北太平洋の中緯度を例にとれば，4つの密度帯の深度は上から順におおよそ 0～500m，500～1500m，1500～4000m，4000m以深となる．表層水から深層水へ（高密度化），あるいは底層水から深層水へ（低密度化）など，海水の密度の変換を伴っているのが全球3次元循環の特徴である．

　表層水が冷やされて（高密度化されて）深層水に直接変換される場所は大西洋の北端のみである．ここで形成された**北大西洋深層水**（NADW）は南下して南大洋で湧昇し，**周極深層水**（CDW）となって，南極周極流系（ACCS）の一部として東向きに流れる．CDWの一部は，より軽い**亜南極モード水**（SAMW）や中層水（IW）に変換されて，ACCSの一部として東向きに流れ，その一部は大西洋と太平洋を北上する．南極の周りをめぐるCDWの一部は，低温・高塩分の陸棚水と混合して，世界の海洋でもっとも重い**南極底層水**（AABW）や重いタイプのCDWとなって，AABWは大西洋の底層をCDWはインド洋と太平洋の底層を北上する．図3-8の4000dbar等圧面上の北向きの流れは，このCDWの北上に対応する．太平洋を北上する重いタイプのCDWの一部は軽いタイプのCDWに変換されて南に戻り，さらに北上して北太平洋にまで達したCDWは**北太平洋深層水**（NPDW）に変換されて南に戻る．一方，北太平洋の表層に湧昇してくるのは，南大洋から北上してきたSAMWや上部中層水（UPIW）である．表層水に変換されたこれらの水は，**インドネシア通過流**となって，インド洋に入り，インド洋で底層から湧昇して表層水に変換された水と一緒になって大西洋へ入る．これらの表層水は北上して大西洋の北端に達し，全球をめぐる循環が閉じる．

　口絵3-2の3次元循環像を平面図に展開して，循環パターンと輸送量を表示

3.3 深層の流れ

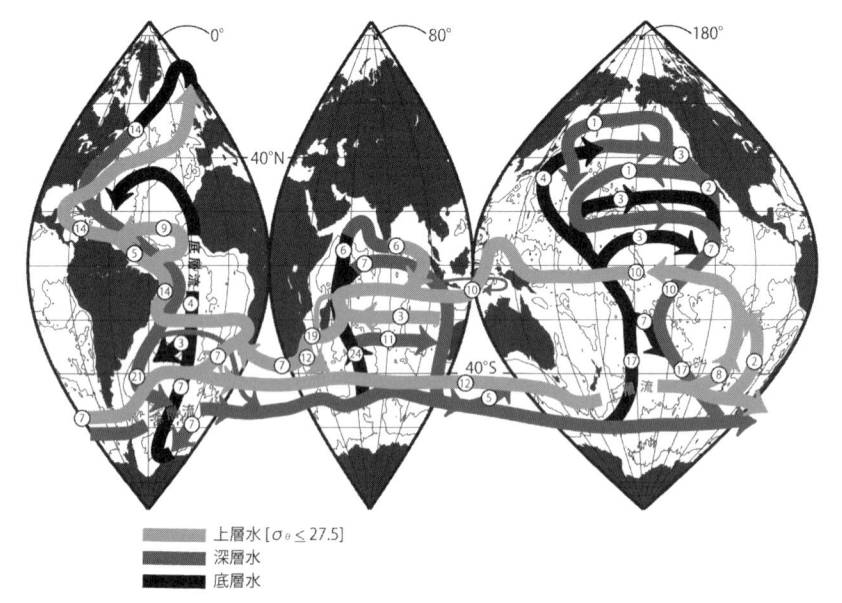

図3-9 全球をめぐる3次元循環の模式図．丸の中の数字は輸送量を表す．単位は$10^6 m^3 s^{-1}$（Schmitz, 1996, Figure II-156を一部改変）

したものを図3-9に示す．ただし，簡単にするため，表層水と中層水を合わせて上層水とし，3つの層で表現してある．大西洋の北端で形成されたNADWは毎秒1400万立方メートル（$14 \times 10^6 m^3 s^{-1}$）の輸送量をもつ深層西岸境界流として南下し，それより下層を北上してくるAABWを取り込んで，毎秒2100万立方メートル（$21 \times 10^6 m^3 s^{-1}$）の輸送量をもつ流れとなって南大西洋に達して，ACCSに加わる．南大洋で毎秒500万立方メートル（$5 \times 10^6 m^3 s^{-1}$）の深層水が上層水に変換される．ACCSから太平洋に毎秒1700万立方メートル（$17 \times 10^6 m^3 s^{-1}$）の輸送量で流入した底層水は，湧昇して深層水となってACCSに戻っていく．ACCSから太平洋を経由してインド洋を抜ける水は，南大洋およびインド洋で深層から湧昇して上層水となった水である．大西洋から毎秒1400万立方メートルの輸送量で正味流出した深層水は，アフリカの南および南米の南を通る上層水として大西洋に戻る．図3-9は，「**コンベアベルト**」としてよく知られる全球をめぐる3次元循環の概念図（Broecker, 1987）に比べれば，はるかに複雑ではあるが，かなり簡略化された模式図の範疇に入る．

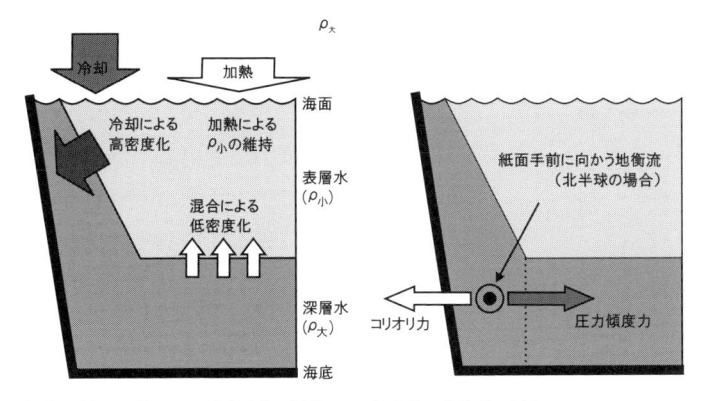

図3-10　熱塩強制・混合による密度変換（左）と圧力分布・地衡流（右）．

現実の全球3次元循環の詳細は，今なお，海洋学の重要な研究テーマとなっており，上述の循環像にも，まだ検証されていない仮説が含まれている．

3.3.3 深層の流れを駆動するもの ― 熱塩循環

　表層循環に対応する圧力分布（図3-2）を作っていたのは風応力であった．深層循環に対応する圧力分布（図3-8）を作っているもの，すなわち深層循環を駆動しているものは何だろうか．深層の流れは，密度の変換を伴う全球3次元循環と結びついていることを前節で見た．深層の圧力分布の形成には，密度の変換が重要な役割を果たしている．海水の密度は水温と塩分で決まり，水温が低いほど，また，塩分が高いほど大きい．主に海面における冷却・加熱，蒸発・降水などの密度を変えようとする作用を**熱塩強制**という．また，密度の異なる海水間の混合によっても，密度の変換が起こる．熱塩強制や混合には空間的な偏りがあるため，海水の密度にも空間分布が生まれ，これが圧力分布をもたらしている．

　熱塩強制と混合が圧力分布を作る過程を，単純化したモデルで考えてみよう．密度が $\rho_\text{小}$ の軽い表層水と密度が $\rho_\text{大}$ の重い深層水だけからなる海を考える（図3-10）．海面は水平であるとする．海面の冷却が卓越する海域で，表層水が深層水に変換され，沈み込んでいるとしよう．冷却が続き，この変換が持続すると，深層水の体積は徐々に増えて，下層から海を満たそうとするだろう．

一方，深層水と表層水の境界では，混合により深層水が温められて表層水に変換されているとしよう．この混合は，同時に表層水を冷やそうとするが，表層水は海面の加熱によって維持されていると考えよう．冷却による変換と混合による変換がバランスすれば，深層水の体積は増えず，表層水との境界はある一定の形に維持されるだろう．傾いた境界の下にある深層水内の水平面上の圧力分布を考えよう．水平面上の圧力は，その上に載っている海水の重さに比例するので，深層水が厚いところほど大きい．その結果，図3-10に示すような圧力傾度力が存在することになり，図のような地衡流が維持される．

現実の海洋の密度は連続的に変化し，密度分布もはるかに複雑である．しかし，熱塩強制と混合による密度変換が釣り合って，ほぼ定常な密度分布が維持されていると考えられる．この密度分布が様々な深度で水平面上の圧力分布を生み，これに応じて，たとえば図3-8のような地衡流が維持されている．このような仕組みによる流れを**熱塩循環**という．口絵3-2と図3-9に示したような全球をめぐる3次元循環は，**全球熱塩循環**ともよばれる．なお，熱塩強制と混合に起因する密度分布は表層にも存在するはずだが，これに伴う圧力傾度力は，一般に海面の起伏に伴う圧力傾度力に比べてずっと小さく，表層では風成循環が卓越している．

仮に，熱塩強制の分布を正確に知ったとしても，海中における混合の強さの分布がわからなければ，密度分布を正しく再現することはできないということが，上述の単純なモデルからもわかるだろう．海中の混合をもたらす過程は複雑で，時空間的な変動も大きいと考えられており，その詳細はまだ解明されていない．全球海洋の混合過程の把握は，3次元循環を理解するための大きな課題といえる．

3.4 海水の性質の分布と循環

前節で海水の密度を決める要因としての水温と塩分について触れた．海の流れと関係した圧力分布を求めるためには，海水の密度の分布を知る必要があり，そのためには水温と塩分を測る必要がある．一方，水温と塩分には，海の流れを把握する上で，もう一つの重要な意味がある．水温と塩分は，基本的に，大

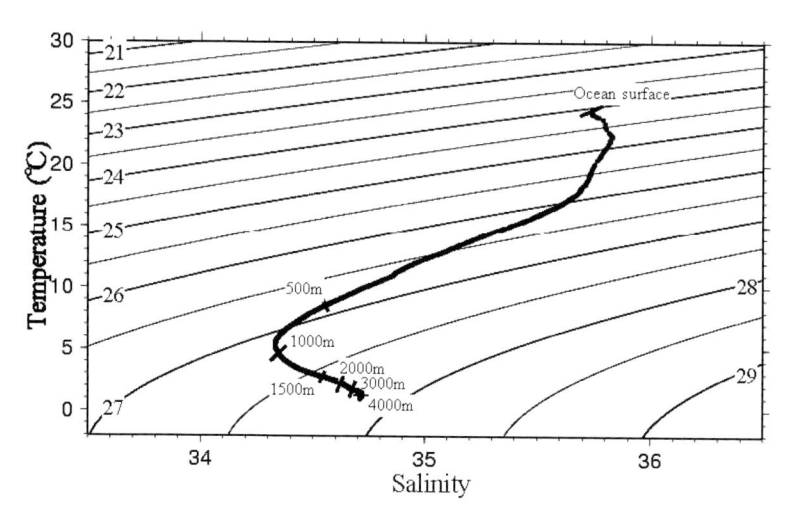

図3-11 南太平洋の中央部（南緯20度，西経165度付近）で得られた TS 曲線の例．TS 曲線に直交する短い直線は深さの目盛り．

気と接している海面付近で，冷却・加熱，蒸発・降水などの熱塩強制によって決められる．熱塩強制は海域よって大きく異なるため，海面における水温と塩分は海域ごとに独特の組み合わせを持つ．海水が海面付近を離れると（すなわち大気から切り離されると），その水温と塩分は混合以外では変化しない．混合過程は比較的ゆっくり進行するため，水温と塩分を使って，特定の海水をその起源からはるか遠くまで追跡することができる．つまり，水温，塩分の分布から海水の流れを推測できるのである．

　特定の海域で，熱塩強制によって与えられた特定の性質をもつ海水のかたまり（一団）は**水塊**とよばれ，主な水塊にはそれぞれ名称が付けられている．3.3.2節の全球3次元循環の説明に登場した NADW，AABW，CDW などはその例である．表層から底層まで，そのほかにも多くの水塊が知られており，海水の3次元的な循環像を解明するのに役立っている．世界の海洋全体を，主要な水塊とそれらの混合物として理解することも試みられている．

　水塊を同定するためによく用いられるのが，縦軸に水温（Temperature），横軸に塩分（Salinity）をとって，海水サンプルの値などをプロットした**水温塩分図（TS 図）**である（図3-11）．背景の曲線群は密度の等値線である．（海

3.4 海水の性質の分布と循環

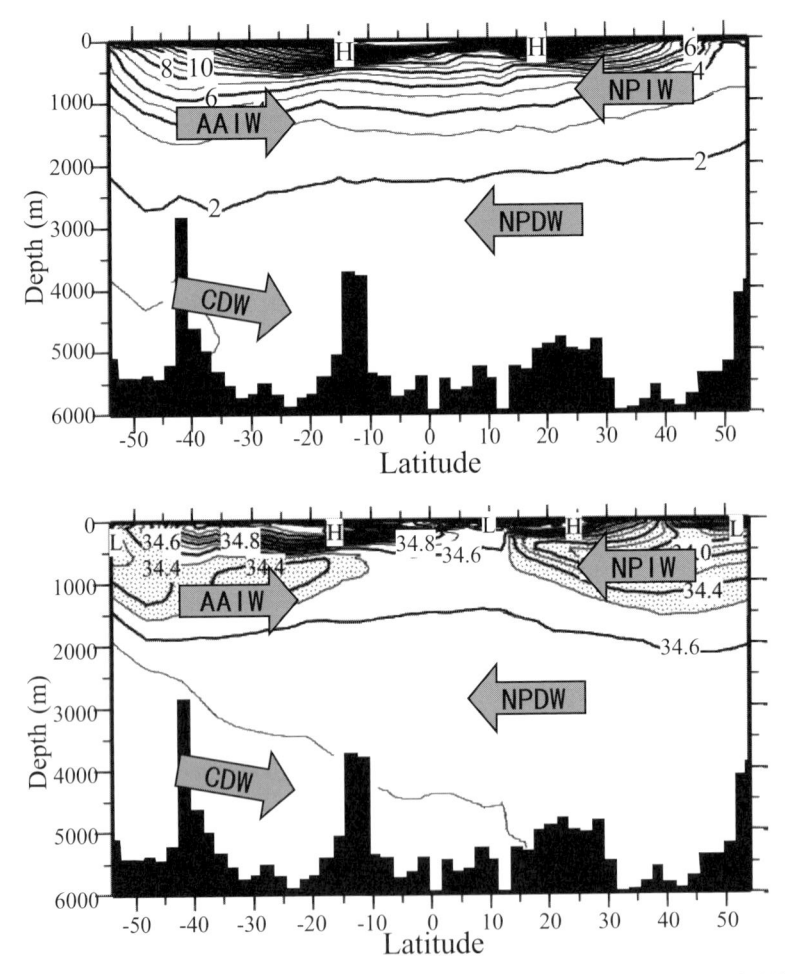

図3-12 西経165度に沿う水温（上）と塩分（下）の鉛直断面と主要水塊の分布．矢印は各水塊が広がる向きを表す．横軸の緯度の値（度）は，正が北緯，負が南緯を表わす．

水の密度は水温と塩分で決まることを思い出そう．）表示されている値に1000を加えたものが kgm^{-3} 単位の密度の値である．ある場所で測った深さごとの水温と塩分の組を，次々に TS 図上にプロットしてつないだ曲線を **TS 曲線** と呼ぶ．図3-11の TS 曲線は，南太平洋のほぼ中央部で得られたものである．この例では，水温は深くなるほど単調に低くなっている．一方，塩分は海面の下で

一度高くなって極大値をとった後，低下して1000m付近で極小値をとり，その後海底向かって上昇している．このような塩分の振る舞いにも関わらず，密度は深さとともに単調に増加していることも読み取れるだろう．このTS曲線のうち，1000m付近の塩分極小部がAAIWを，最深部がCDWを表している．このように，水塊は一般にTS図上の点や線分で表される．また，異なる2つの水塊が混合すると，混合した水はTS図上でそれらの水塊を結んだ直線上に分布する．そのため，TS図を用いて，水塊の混合についても考察できるのである．

これらの水塊および北太平洋に起源をもつNPDWと**北太平洋中層水**（NPIW）を水温と塩分の鉛直断面内に位置づけたのが図3-12である．海洋内部の水温と塩分の分布は，主要な水塊の輸送と混合によって大まかに理解できることがわかるだろう．海の循環とその変動の詳細は，流れについての解析と水塊についての解析を組み合わせて研究されている．

海水は海面で獲得した水温や塩分，さらに，そこで溶かし込んだ二酸化炭素や酸素などの物質を流れとともに運び，混合によって他の海水にその性質の一部を与えたり，遠く離れた海域で再び海面に接して大気との間で熱や物質を交換したりしている．他の章で詳しく扱うように，世界の海をめぐる海水は，海による熱の輸送や海の中の物質の分布，大気との交換などを支配している．さらに，そのようなはたらきを通じて，気候の状態を維持するとともに，海に生起する様々な生物・化学現象の舞台を支えているのである．

参考文献

Broecker, W.S.（1987）: The biggest chill. *Natural History*, 96, 74-82.

Reid, J.L.（1997）: On the total geostrophic circulation of the pacific ocean: flow pattern, tracers, and transports. *Progress in Oceanography*, 39, 263-352.

Schmitz, W.（1996）: On the world ocean circulation. Volume II, the Pacific and Indian Oceans/a global update. *Woods Hole Oceanographic Institution Technical Report*, WHOI-96-08, 241pp.

第4章 熱もめぐる

4.1 太陽から届く熱（放射エネルギー）と吸収

　地球表層の諸現象のほとんど（大洋底プレートの移動，それに伴う火山活動や地震などを除く）は太陽からくる放射エネルギーに依存している．海洋の諸現象や生物活動の大部分も例外ではない．

　例えば，風は太陽放射エネルギーがいったん大陸や海に吸収され，その熱エネルギーで大気が駆動されて生じたものである．風によって波や流れが引き起こされる．また，海洋生物のエネルギーの基礎となる一次生産は植物プランクトンによる光合成である．本節では太陽放射エネルギーとはどのようなものか，そのエネルギーが地表面に吸収された後どのようなかたちで宇宙空間へ帰っていくのかを概観する．

4.1.1 太陽放射が地表面に届くまで

　1章で述べたように，太陽の中心部では水素の核融合反応が安定して生じている．この膨大なエネルギーは，電磁波（電磁放射）として太陽の対流層に伝わり，それから表面の光球（図4-1）へ対流で伝わる．その光球の原子がその

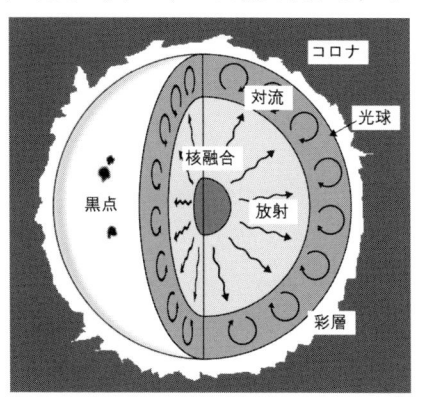

図4-1　太陽の構造の模式図

4.1 太陽から届く熱（放射エネルギー）と吸収

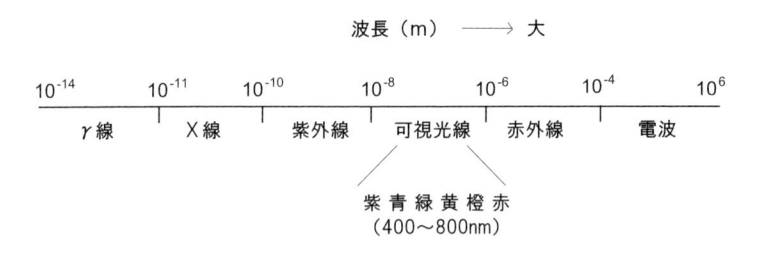

```
波長（m） ──→ 大
10⁻¹⁴   10⁻¹¹   10⁻¹⁰   10⁻⁸   10⁻⁶   10⁻⁴   10⁶
 γ線    X線    紫外線   可視光線  赤外線     電波
                        │
                    紫青緑黄橙赤
                    （400～800nm）
```

図4-2 電磁波の波長別の呼称

エネルギーを電磁波としてさらに宇宙空間へ放出している．この宇宙空間へ放出された電磁波を太陽放射という．電磁波の波長は短いものから長いものまであり，波長帯により名称がついている（図4-2）．太陽から発せられている電磁波は，ガンマγ線から電波までの広範囲に及ぶため，可視光のみのイメージがある太陽光という呼び方ではなく，「**太陽放射**」と呼ばれている．

太陽放射の波長別強度分布（スペクトル）は，**黒体**（全ての波長の電磁波を完全に吸収，また放出できる仮想的物質）放射にきわめて近い分布になっている．放射の全エネルギーはスペクトルの積分値で求められるが，そのエネルギー量（E）は黒体放射では

$$E = \sigma T^4 \quad (4.1)$$

であらわせる（**ステファン・ボルツマンの法則**；Stefan-Boltzmann low）．T は絶対温度（K），σ の値 5.67×10^{-8} $Wm^{-2}K^{-4}$ はステファン・ボルツマン定数という．太陽放射が黒体放射に近いと考えると，ここで T は太陽の表面温度と考えればよい．表面温度を約5800Kとすると，太陽表面で発せられるエネルギーは $6.4 \times 10^7 Wm^{-2}$ という膨大なエネルギーになる．一方，太陽放射が地球の大気上端に達したときのエネルギーは，観測値として求められており，放射に垂直な方向の単位面積・単位時間当たりの平均値は $1.37 \times 10^3 Wm^{-2}$ である．これを**太陽定数（solar constant）**という．大気の上層，中層，下層で電磁波がどのように吸収されるかという詳細は気象学の教科書に譲り，ここでは大気の上端と地表面（海面）に到達した時点の波長別強度分布を比較する（図4-3）．大気を通過してくる間に，もともと大気上端に到達するエネルギーの

第4章 熱もめぐる

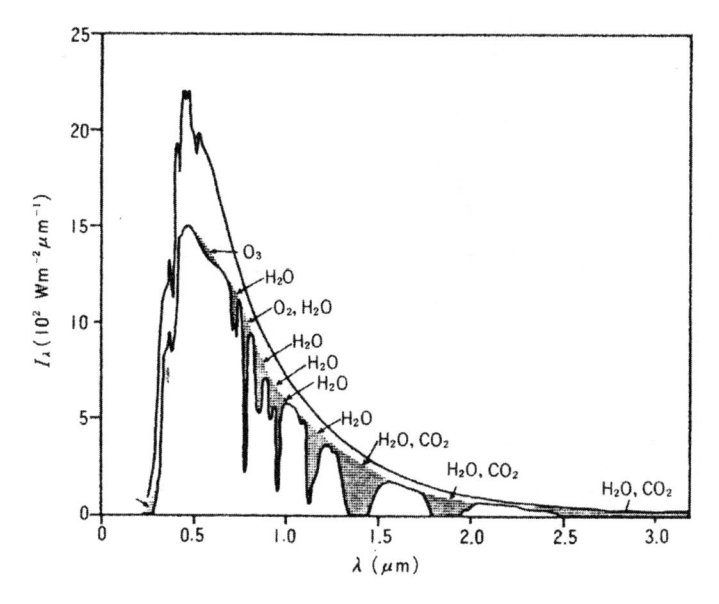

図4-3 太陽が真上にある時，大気の上端（上の曲線）と地表面（下の曲線）で観測された太陽放射スペクトラム（小倉2006より 原図はHandbook of Geophysics and Space Environments M Hill Book Co., New York, 1965）影を付けた部分は大気中のいろいろな吸収気体による吸収を示す．

―― COLUMN ――――――――――――――――――――

スペクトル

スペクトルとは何だろう？Wikipediaには「スペクトル（spectrum）とは，複雑な情報や信号をその成分に分解し，成分ごとの大小に従って配列したもののことである．2次元以上で図示されることが多く，その図自体のことをスペクトルと呼ぶこともある．」と書いてあるが何のこっちゃ？この章でいう太陽放射のスペクトルとは，太陽からやってくる光や電波がどれくらい強いかを波長の順に並べた強度分布のことである．グラフの横軸が波長で，縦軸がその波長の光が持っているエネルギーの大きさだと思って欲しい．山が高いほど，エネルギーが大きい，つまり太陽からその波長の光がたくさんやってくる，ということである．

4.1 太陽から届く熱（放射エネルギー）と吸収

小さかった波長の短いγ線やX線，あるいは最も長い波長の電波などが無くなり，可視光線を中心に一部の紫外線や赤外線が地表に到達していることがわかる．地表に到達する放射エネルギーは太陽定数の51％である．

4.1.2 短波放射と長波放射

　地表面に到達した太陽放射は可視光線が中心であるため，太陽光，日射，短波放射などと呼ばれている．気象学では地球が放出する長波放射に対して短波放射と呼ぶことが多い．

　上で述べたように，原子や分子で構成されるあらゆる物質はその温度に応じた電磁波を放射しており，地球も例外ではない．一方，その放射エネルギースペクトルの最大値をとる波長 λ_{max} も温度のみで決まり，その関係式はウイーンの変位則として

$$\lambda_{max} = \frac{2898}{T} \qquad (4.2)$$

で与えられる．λ_{max} の単位は μm である．温度が上昇するにつれエネルギーの最大値は短波長側にずれる．太陽の光球の温度は約5800Kで，この場合は可視光線の $0.475\mu m$ であり，それに対して，地球の放射平衡温度は255Kで，λ_{max} は赤外線にあたる $11\mu m$ となる．図4-4に太陽と地球の黒体放射を示す．太陽と地球の放射は，相対的に短波長側と長波長側に明瞭に分けられる．地球

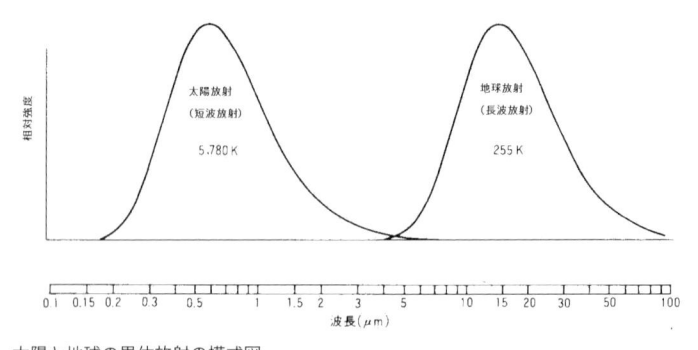

図4-4　太陽と地球の黒体放射の模式図
左右のグラフを同スケールで描くと右の山が平になりピークが見にくいため，スケールを変えて面積が同じになるようにしてある．

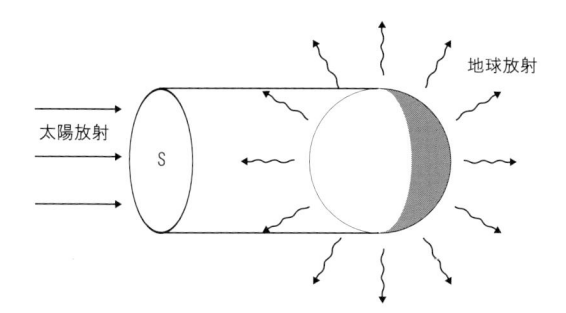

図4-5　太陽放射と地球放射の模式図

による放射を長波放射と呼ぶ所以である．次節で地球の放射平衡温度が255Kとなることを導こう．

4.1.3 地球の放射平衡と温室効果

簡単に論ずるために地球に大気が無い場合の放射平衡を考える．地球を完全な球体と考えれば，図4-5に示すように太陽放射の当たる面は昼の半球面であり，地球の断面積Sと同等である．地球のアルベド（入射量に対する反射量の割合）をAとし太陽定数をS_0とすると地球が吸収する放射量R_Aは

$$R_A = S_0(1-A)\pi r_e^2 \tag{4.3}$$

となる．ここでr_eは地球の半径とする．一方地球もその温度に応じた放射エネルギーを宇宙空間へ放出している．地球放射R_Eは昼夜関係なく，すなわち全球から放出されるから，単位面積・単位時間当たりの平均地球放射をI_eとすると，全球では

$$R_E = 4\pi r_e^2 I_e \tag{4.4}$$

となる．吸収されたエネルギーと同じ量のエネルギーが放出され，全体として平衡状態になっている，すなわち放射平衡状態になるためには

$$R_A = R_E \tag{4.5}$$

従って

4.2 海面での熱収支

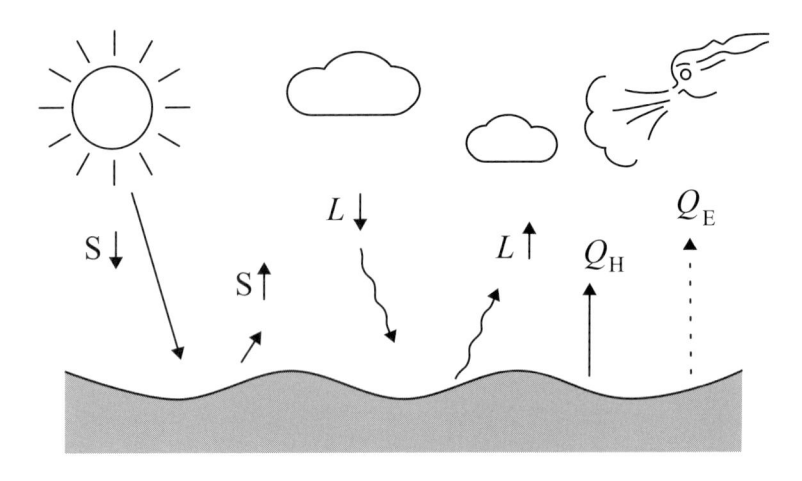

図4-6 海面を通しての熱の出入りの模式図　記号は本文参照

$$S_0(1-A)\pi r_e^2 = 4\pi r_e^2 I_e \qquad (4.6)$$

が成り立つ必要がある．

　ここでアルベドの平均値 A=0.3 とすると I_e=240Wm^{-2} となり，これを式(4.1) に代入して温度を求めると T=255K となる．実際に観測されている地球表面平均温度はおよそ T=288K である．この差33度は大気があることによる**温室効果**に他ならない．ここで注意することは大気がある場合でも大気上端からは240Wm^{-2}の長波放射がでていることである．地球全体として (4.5) が成り立っていなければならないことは大気がある現実の場合でも同じである．地球表面におけるエネルギー収支のバランスが取れていなければ地表温度は高くなるか低くなるか一方に変化してしまう．

4.2 海面での熱収支

　海洋への熱の出入りの主たる境界面は海面である．海底火山，熱水鉱床，地熱など海底からの熱供給や河川水による供給は全海洋からみるとわずかである．海面における**熱収支**の模式図を図4-6に示す．海面を通しての熱の出入りは放

射，**顕熱**，**潜熱**の3つの要素がある．海面を通しての放射収支（Q_R）および熱収支（Q_N）は通常海が加熱される方を正にとる．顕熱（Q_H），潜熱（Q_E）は大気が加熱される方を正にとる．これらから海面での熱収支は

$$Q_N = Q_R - Q_H - Q_E \qquad (4.7)$$

であらわされる．

この節ではこれらの要素の解説と観測方法や計算方法について簡単に述べる．さらに今まで見積もられてきた季節変化や全球的な平均値についての例も示す．

4.2.1 海面での放射収支

海面での放射には4つの成分がある（図4-6）．まず太陽からの短波放射は下向短波放射といいS↓の記号であらわす．これが海面で一部反射したものと一旦海中に入射した後に散乱し一部が海面から大気中に向かうものをあわせて上向き短波放射S↑であらわす．長波放射は大気放射の海面へ向う成分L↓と海面が大気へ放出するL↑の2成分である．以上の4成分の合計を放射収支あるいは正味の放射量（Q_R）といい，

$$Q_R = Q_S - Q_L \qquad (4.8)$$

で表される．ここで，

$$Q_S = S↓ - S↑ \qquad (4.9)$$

および

$$Q_L = L↓ - L↑ \qquad (4.10)$$

であり，Q_S および Q_L はそれぞれ正味の短波放射，正味の長波放射とよばれる．

これら放射の成分を洋上で通常観測する場合S↓は短波放射計（日射計ともいう）で測定されるが船の動揺による影響を避けるため，ジンバルという計測面が傾かないように工夫された器具に載せて測定する．S↑は測定が困難なので通常は経験式を用いる．中緯度の気候値などにはS↑＝0.06S↓などが用

いられる．L↓は長波放射計（赤外放射計）をやはりジンバルに載せて計測する．L↑は表面水温を計測することにより，原理的には式（4.1）より求まる．また Q_S や Q_L を海上気象データから推定する場合も多く，太陽定数，雲量，水温，水蒸気圧などの関数とした様々な経験式が提案され用いられている（例；Reed, 1976, 1977）．

4.2.2 顕熱と潜熱

顕熱（sensible heat）は海面での気温と水温に差があるとき（通常海水温の方が高い）熱伝導でどちらかに伝わる熱をいい，**潜熱**（latent heat）は水が蒸発する際，気化熱として吸収された熱が水蒸気に蓄えられ大気中に輸送される熱である．前者は熱そのものが輸送されるのに対し，後者は水蒸気から水滴へ相変化するときにはじめて熱として大気へ放出されるため，このような呼び名が付けられた．

潜熱や顕熱を直接計測することは非常に困難なので，特別の観測以外はバルク法という以下に示す経験式を用いて海上気象データから間接的に見積もることが多い．

$$Q_H = \rho C_P C_H |V| (T_s - T_a) \quad (4.11)$$

$$Q_E = \rho L C_E |V| (q_s - q_a) \quad (4.12)$$

ここで ρ は空気の密度，$|V|$ は海面から10mでの風速の絶対値，T_s および T_a は海面水温および通常海面から10mでの気温，q_s および q_a は海面温度での空気の飽和比湿と通常海面から10mでの比湿（水蒸気を含む空気の質量に対する水蒸気の質量の割合），L は蒸発の気化熱，である．また，C_P は定圧比熱，C_H と C_E はそれぞれ顕熱，潜熱にたいするバルク係数とよばれる無次元の係数で風速や空気の安定度に関係する．

近年，衛星のデータからこれらの諸要素を見積もるアルゴリズムが開発されている（10章参照）．

年平均海面熱収支（10W/m²）

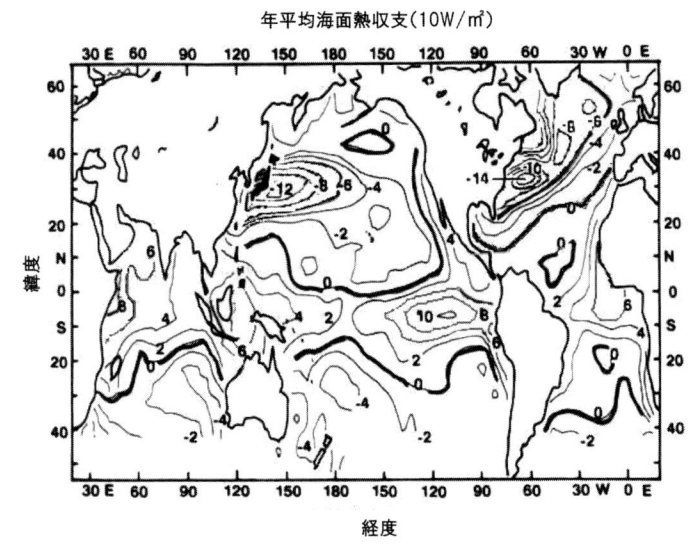

図4-7 海面熱収支の気候値（原図 Hsiung 1986）
太線は熱収支がゼロの等値線を表す

4.2.3 海面を通しての熱収支の見積りの例（平均的な全球分布と季節変化の例，）

図4-7に示したのは Hsiung（1986）が1948年から1979年の31年間の海上気象データから求めた海面熱収支の平均値である．ここでは放射収支は経験式で，顕熱，潜熱はバルク法で求められている．この図からわかるように，赤道を挟んだ熱帯域では，熱収支は正の値で，海洋が加熱されていることがわかる．また，太平洋東部と大西洋では南北30度から40度付近の中緯度まで，正の値が見られるが，これは主に湧昇域で海面温度が低くなっており，海面から大気への熱輸送が小さいことを反映している．その傾向はペルー沖で特に顕著である．一方，中緯度から極域までの多くの海域では，熱収支が負，すなわち海が冷却されている．言い換えれば，海の熱によって大気が暖められている．北太平洋中部では赤道近くまで冷却域になっており，インド洋や大西洋の海域と異なっている．西岸境界流である太平洋の黒潮域と大西洋の湾流域は最も冷却が大きい海域であり，西岸境界流の運ぶ熱が大気に大きな影響を及ぼしていることが示唆される．

4.2 海面での熱収支

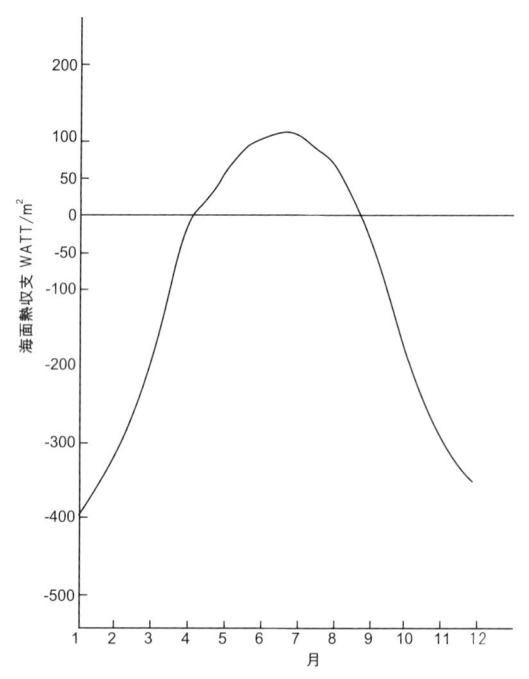

図4-8 北緯30度，西経160度における海面熱収支の季節変化（原図　Hsiung 1986）

　ある特定の場所で観測した場合，この海面を通した熱輸送は当然季節変動をする．海面熱収支の季節変化の例を図4-8に示す．これは太平洋上の北緯30度，西経160度における気候値（ある月ごとに何10年もにわたって平均したもの）

COLUMN

人間も光っている

「太陽や電球だけではなく人間も光を出しているんだって？」

「そう，この世のあらゆる物質はその絶対温度の4乗に比例したエネルギーの電磁波を出しているんだ．ただ温度により波長が違うので可視光線のように人間の目に見える光とは限らないけれど．人間の体温程度だと赤外線だね．だから空港などで発熱している人を遠隔で検知するのに赤外線放射温度計を使っているんだ」

「へぇーなるほど」

である．北半球なので，1月に最も冷却が大きく（$-400\mathrm{Wm}^{-2}$），4月から加熱期に入って7月にピーク（$100\mathrm{Wm}^{-2}$）に達している．加熱は9月まで続き，10月から再び冷却期に入って冷却は翌年3月まで続く．海面を通した熱収支は大きく季節変動することがわかる．図から明らかなように，この海域では，夏季の加熱より冬季の冷却の方が大きい．この海域の水温がどんどん下がっていくわけではないので，この差の分は海面を通してではなく，海の中で熱が運ばれてきていることを示唆している．次節では，海の中で運ばれる熱について述べる．

4.3 海洋中の熱輸送

　海洋に入った熱エネルギーは，海洋の様々な循環によって海洋内で再分配される．以下では，海洋中での熱輸送について述べる．

　太陽からのエネルギーを受ける面が太陽と地球を結ぶ線に直交している赤道（正確には，季節によって南北回帰線まで変動する太陽が真上にくる緯度）およびその周辺の低緯度と，その角度が小さい高緯度では，前者のほうが単位面積当たり多くの熱を受け取ることになる．もし地球上に自由に動ける流体がなく，太陽から受け取った熱がそのままその場所で失われるように熱出入りがバランスする，すなわち低緯度で大きな熱の放出が起こるとすれば，低緯度では現状に比べてずっと高温に，高緯度ではより低温になる必要がある．現実の地球では，大気の対流や海洋の海流が低緯度で過剰に受け取った熱エネルギーを高緯度に運ぶことによって，地球の低緯度と高緯度の気候の差をより緩やかなものにしている．ここでは，海洋が運ぶ熱を，大気のそれと比較しつつ，特に緯度方向の輸送について考えてみよう．

　海洋循環による熱の輸送を，風に駆動される表層循環と熱に駆動される中深層循環とに分けて考えることにする．まず，低緯度から中緯度にかけて形成される循環を例にとって海洋の表層循環による熱の輸送を考える．

　低緯度帯では，大気は暖かい海水で温められて上昇し，より水温の低い中緯度域で下降して高気圧を形成する．この大気の循環は暖かい空気を直接高緯度に運ぶだけでなく，海水を蒸発させることで水蒸気中に取り込まれた熱が高緯

4.3 海洋中の熱輸送

度で凝結して開放される潜熱としての輸送も含んでいる．一方，大気の大規模な循環である貿易風と偏西風に対応して，海洋でも，亜熱帯循環と呼ばれる循環が貿易風帯から偏西風帯にかけて形成され，低緯度の温かい水を中緯度に運ぶ役割を果たしている．例えば黒潮が運ぶ温かい水を熱に置き換える（以下に述べるようにこれはそのまま黒潮の熱輸送とは言えない）と，その水温と流量および海水の比熱からおよそ 2×10^{15} W 程度となる．これを北太平洋全体で考えると，低緯度から高緯度に運ばれる熱輸送を見積もることができる．例えば，Bryden ら（1991）が北緯24度に沿った観測データを用いて断面を通過する熱を計算した値は 0.76×10^{15} W となっている．大気と海洋による熱の南北輸送については様々な見積が行われている．緯度によっても異なるが，大気による高緯度方向への熱輸送は中緯度で 5×10^{15} W 程度（Manabe and Bryan, 1985）で，海洋による熱輸送は大気に比較すると全体では一桁程度小さい．ただ黒潮が運ぶ熱だけを考えると，大気全体の正味の輸送量の半分程度となり，大きな役割を果たしていることが示唆される．

　黒潮によって運ばれる熱のすべてが高緯度域を暖めるのに使われるわけではなく，その多くは亜熱帯循環の流れに従って低緯度に戻ってくる．上述のように，その熱収支を計算することで，海流系による熱輸送を評価することができる．では，黒潮自体はどのように熱輸送に寄与しているのであろうか．黒潮のような海流は基本的には地衡流としてつり合っている（第3章参照）．すなわち，地衡流は等温線に沿った流れであり，流線に沿ってみたとき，流れの上流と下流は同じ温度である．従って高温の水を低温側に運ぶという機能を果たさない．もし，亜熱帯循環が完全に地衡流になっていれば，その収支はゼロになるはずである．しかし，黒潮は実際には純粋な地衡流ではなく，高気圧から吹き出す風が等圧線に完全には沿っていないように，移流効果（等温線を横切る方向の流れによる熱輸送で，流れの強いところでより大きくなる）も比較的大きく，それが熱を高緯度に運ぶ役割を果たしている．運ばれた温かい水は高緯度で冷やされる．これは，言い換えれば，大気を暖めているということである．一方，亜熱帯循環によって低緯度に戻る流れは黒潮のような西岸境界流と異なり，比較的緩やかな流れでほぼ地衡流としてつり合っていると考えると，流れは等温線に沿っており，熱輸送にはあまり貢献していないと考えてもよい．す

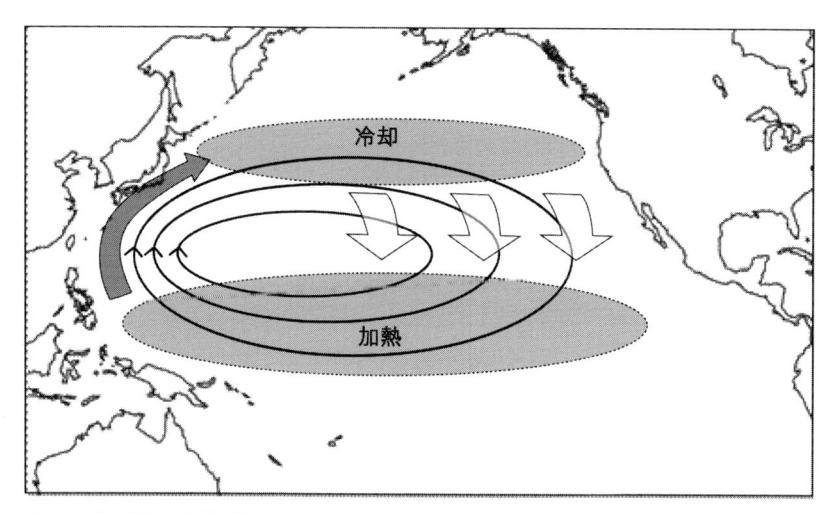

図4-9 北太平洋亜熱帯循環による熱輸送の模式図

なわち，移流効果の大きな黒潮の強い流れが，熱輸送には実質的に大きな役割を果たしていることになり，高緯度で海洋から大気に運ばれる分が，黒潮の移流効果によって低緯度から運ばれているということができる．（図4-9）

　さて，熱の輸送は水平方向だけではない．鉛直方向にも重要な過程がある．海洋表層では風や海面の冷却による海水の鉛直混合が起こっており，これが熱を海表面から深い層に鉛直に運ぶ役割を果たしている．この鉛直混合は海洋中の乱流（数 mm から数 m のスケールを持つ不規則な水の運動）によるものであり，**渦拡散**あるいは**乱流拡散**と呼ばれる．渦拡散は分子拡散と類似の物理過程として捉えられるが，分子拡散に比較して非常に大きいことが多い．渦拡散の大きさは乱流エネルギーの散逸率などから計算される渦拡散係数で表される．その大きさは時空間的に大きな変動があり，風などによる擾乱の大きな海洋表層と，乱れの少ない中深層とでは，何桁も異なる．中深層では一般的には渦拡散は小さいが，そこでの鉛直拡散は表層で与えられる熱をゆっくりとしかし確実に下層に伝えている．高緯度の特別な海域を除けば，一般に海洋の表層は暖かく，成層構造が維持されている．もし海のそれぞれの場所の温度が，表層からの熱輸送によってのみ支配されているとしたら，そして大気との熱収支によって表層の温度が一定に保たれているとしたら，表層の熱は鉛直拡散によっ

4.3 海洋中の熱輸送

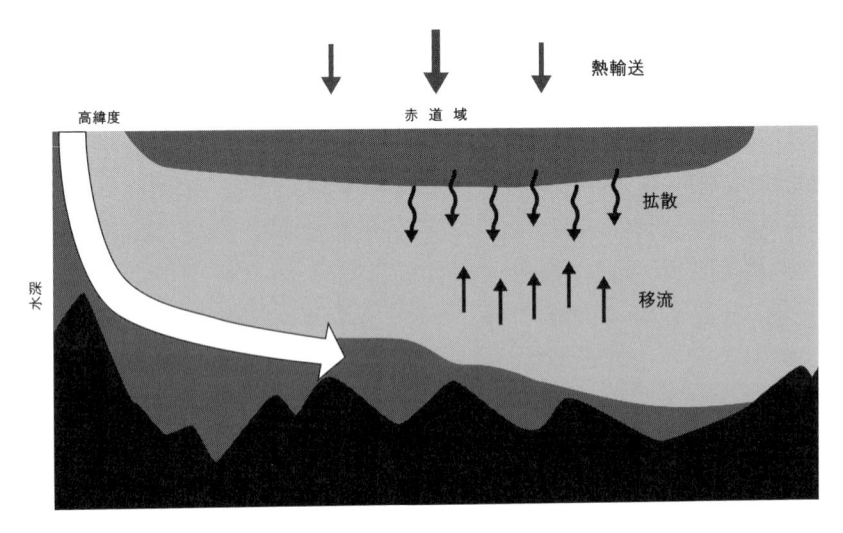

図4-10 深層循環による熱輸送の模式図

て下層に伝わり，時間が経過すれば，全層が同じ温度になってしまうはずである．ところが実際には深い方が冷たいという構造になっている．海底に冷蔵庫があるわけではないので，どこかから深層に冷たい水が流れ込んできていることがわかる．その冷たい水が形成されるのは表層しかなく，地球規模の大きな循環があることが理解できる．(図4-10)

　冷たい水の形成域としては，高緯度域がその候補地となり，実際には北大西洋のグリーンランド周辺，南極のウェッデル海が考えられている．そして，Broecker のコンベアベルトのような循環が，深層循環の模式図として示される．この模式図がそのまま現実の循環構造を表しているわけではないが，高緯度で表層から沈み込んだ水が中低緯度（さらには北太平洋高緯度）の深層に巡ってきていることは間違いない．適当な深さの水平面を考えた場合，地球全体でその面を横切る流量は収支がゼロになっているはずだから，沈み込む場所が非常に限られており，一方それを補償する上昇流は大洋に拡がっていると考えられるので，深層に沈み込んだ水は大洋の広い範囲でゆっくりと上昇し，熱的には表層からの鉛直拡散とバランスすることで成層構造が保たれることになる．この上昇流は非常にゆっくりで，その流れの強さを直接測定することは困

難である．その代わりに拡散と流れがバランスしているという仮定を用いて，鉛直拡散を評価することで，どのくらいの量の水が循環しているかを推定することはできる．しかし現在のところ，実際に計測できた鉛直拡散係数から見積もられる鉛直循環の流量は期待されるものに比べて小さく，様々な議論が行われている段階である．

　物理過程としては，海洋では鉛直拡散が鉛直循環を駆動しているような構造になるが，これは以下のように考えれば理解できる．中低緯度の表層で暖められた水は，鉛直拡散によって下層に伝わっていく．熱が下層に伝わることで表

COLUMN

日本海

　日本海は深層循環が身近に起こっている珍しい海である．身近といっても，深さ3000m以上もある深海は日常生活とはかけ離れたところにあるが，大西洋から太平洋へといった大洋規模に比べると，沈み込んでいるところも目と鼻の先である．ロシアのウラジオストク沖で冬季の季節風によって冷却された水は，重くなって深層に沈み込む．日本海は非常に特殊な成層構造をしていて，200mまで潜ると1℃以下の非常に冷たい水が分布している．3000mの海底でも0℃以上であるから密度的にもほぼ一様な冷水である．それでも拡散は常に働いているので，若干ではあるが上の方が暖かい．そこに冬季冷やされた水が沈み込んでくる．大洋規模の深層循環と異なるのは，冷却水が海底近くまで沈み込んでそれが広く輸送され徐々に上昇してくるという循環ばかりではなく，年によって冷却される程度が異なる水が，その年の冷却に応じた深さまで潜り込んで，その深さで日本海（海盆）全域に輸送されているという見方もできる点である．上層もまた亜熱帯循環のような内部で閉じる循環ではなく，対馬海峡から流入した温かい水は津軽海峡，宗谷海峡から流出することで大方の熱収支がバランスしていると考えられている．それに，冬季の大きな冷却が加わるが，日本海全体の循環のパズルを完成させるためのパーツはまだ不足していて，冷却水の沈み込みがどのような時間スケールで起こっているのか，世界でもまれな3000mにもおよぶほぼ一様な冷水がなぜ維持されているのか，深層の循環は何が駆動しているのか，身近な深層循環もまだ謎に包まれている．

4.3 海洋中の熱輸送

層にはより熱が入りやすくなり，全体として中低緯度が高温すなわち高圧帯となり，上層で高緯度に向かう流れが形成される．それを補償するように下層には高緯度から低温（高密度）水が流入する．鉛直拡散が大きいほど短い時間スケールの循環が生じることになり，流量も大きくなる．ただ，これは，大洋を南北断面で考えただけの模式的な思考実験で，実際には大西洋ではグリーンランド東の広く深いデンマーク海峡での沈み込みが卓越しているのに対して，北太平洋ではそれとほぼ同じ緯度には狭くて浅いベーリング海峡があってより高緯度の冷たい水が沈み込むところがないなど，それぞれの大洋の鉛直循環は赤道に対して南北対称ではない．また鉛直拡散と同時に，冷水を供給する側の，沈み込み過程が重要な役割を果たしていることはいうまでもない．高緯度で冷水が深層に潜り込むことは，上層では温かい水が高緯度に運ばれることを意味し，海洋による熱輸送のなかでも重要な役割を担っている．温暖化によって沈み込みが減少し，深層水の形成が少なくなれば，この巨大な循環が弱くなって，気候に大きく影響するといわれている．

参考文献

Bryden, H.L., D.H. Roemmich and J.A.Church (1991) : Ocean heat transport across 24°N in the Pacific, Deep-Sea Research, 38 (3), 297-324.

Hsiung, J (1986) : Mean surface energy fluxes over the global ocean, J. Geophys. Res., 91, (C9), 10,585-10.606.

Manabe, S. and K. Bryan, Jr (1985) : CO2-Induced Change in a Coupled Ocean-Atmosphere Model and Its Paleoclimatic Implications, J. Geophys. Res., 90 (C6), 11689-11707.

Reed,R.K., On net long-wave radiation from the oceans, J. Geophys. Res., 81, 5793-5794.

Recd,R.K., On estimating insolation over the ocean, J. Phys.Oceanogr.,7, 482-485.

「地球システムの基礎」, 坪田幸政訳編, 成山堂書店, 2008.
「一般気象学　第2版」小倉義光, 東京大学出版会, 2006.
「海と地球環境」日本海洋学会, 東京大学出版会, 1991.

第5章 栄養塩はめぐる

5.1 栄養塩（Nutrients）とは？

　海洋における生物生産の際に不足しがちな海水成分を一般に**栄養塩**と呼ぶ．植物の場合は植物体を構成する主な元素である炭素（C），水素（H），酸素（O），窒素（N）の他，硫黄（S），燐（P），ケイ素（Si），カリウム（K），カルシウム（Ca），マグネシウム（Mg）などがこれに当り，これらは（**多量元素**と呼ばれ），植物体の周囲の水に溶けているイオンまたは化合物として植物体に摂取される．この他に鉄（Fe），ホウ素（B），亜鉛（Zn），銅（Cu），マンガン（Mn），コバルト（Co），モリブデン（Mo），バナジウム（V）なども必要とされ，これらは**微量元素**と呼ばれている．こうした元素は動物にとっても重要であるが動物ではこのほかにナトリウム（Na），塩素（Cl）も必須である．一方，炭素，水素，酸素は生物の体を構成するのに大量に必要とされるが，これらは水そのものと空気中に存在する二酸化炭素に由来するため栄養塩には含まれない．また，炭素と窒素は海洋中で生物活動の影響を大きく受けて循環している（窒素の循環については後述する．炭素とその循環については第6章を参照）．

　一般に陸上の植物にとって重要な元素は窒素，燐，カリウムであり，これらは肥料の3要素と呼ばれている．一方，海洋の基礎生産の大部分を占める植物プランクトンにとって海水中の濃度変動が重要な影響を及ぼす元素は窒素，燐，とケイ素である．海水中にはカリウムが大量に存在する一方，植物プランクトンの中心的なグループである珪藻類が光合成の際にケイ素を必要とするためである．水中に分布する植物プランクトンはこれらの栄養塩類を体表面から直接吸収して活発に光合成を行って増殖している．

　栄養塩はこうした元素が無機物の状態で水中に存在しているものをさし，アンモニア（NH_4^+），硝酸（NO_3^-），亜硝酸（NO_2^-），リン酸（HPO_4^-），ケイ酸（H_4SiO_4）などがそれに当たる．この章では窒素，燐，ケイ素の無機塩を

5.2 海洋の一次生産と栄養塩

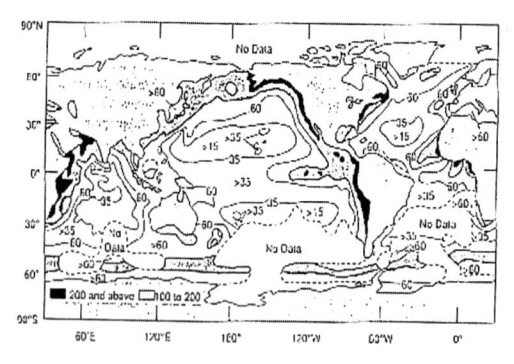

図5-1 世界の海洋の一次生産（gCm-2 yr-1）の分布（Berger et al. 1987）

「栄養塩」として扱い，地球環境中でのその循環の概要を眺める．それ以外の物質は**微量金属**として本章では扱わない．

また沿岸域の岩礁に繁茂する海藻（カジメやコンブなど）もこれらの栄養塩を摂取しているが，海草（アマモやコアマモなど）とともにこれらを経由する物質の流れについては底生生態系の領域で扱われるため，ここでは割愛する．

5.2 海洋の一次生産と栄養塩

海洋の一次生産の大半は植物プランクトンによる光合成により無機物（無機炭素，硝酸塩，リン酸塩，ケイ酸塩など）を有機物（脂質やタンパク質など）に変換する過程であり，海洋の食物連鎖の起点となる生物生産の基礎をなすもので，光合成で作られた植物体の量を一次生産と呼ぶ．**一次生産**には細菌による化学合成もあるが，これは海洋全体ではきわめて僅かである．世界の海洋において一次生産の高い海域は沿岸域，赤道域，そして高緯度域である．沿岸域では東シナ海，南シナ海，北海，アラビア海，西アフリカ一帯などが特に高く，高緯度域ではベーリング海や南極海などがその代表である（図5-1）．一方，生産が低い海域は，太平洋，大西洋の亜熱帯海域である．外洋域は海洋全体の面積の9割以上を占め，一次生産は8割ほどであるが，大陸棚域は面積で1割弱，一次生産は2割弱を占めている．河口域は面積あたりの1次生産の平均が年間で外洋域の10倍以上である．

栄養塩の海水中濃度は海洋の一次生産を制限する最も重要な要因である．栄養塩の濃度が低い場合，たとえ，植物プランクトンの単位生物量あたりの光合成速度が大きくても，植物プランクトンは生物量を増加させることはできないし，細胞体積当たり，あるいは単位面積当たりの光合成速度は低いままである．光合成による一次生産には**総生産速度**と**純生産速度**という二つの尺度がある．一次生産における総生産速度は光合成における全生物生産速度をさすのに対し，純生産速度は総光合成速度から植物自身の呼吸速度を差し引いた値を示す．従って，総光合成速度は栄養塩が無くても高くなり得るが，純生産速度は栄養塩がなければ高くなりえない．植物プランクトン群集がある必須栄養塩類を消費し尽くせば光合成による生物生産は止まってしまう．南大洋，太平洋の赤道域そして太平洋北東部海域には表層中にリン酸塩や硝酸塩，ケイ酸塩が十分あるにもかかわらず植物プランクトン量が低いレベルに押さえられている海域がある．この理由は十分に解明されたわけではないが，海水中の微量金属である鉄の欠乏や動物プランクトンによる摂食，また南極周辺海域では強風に加えて太陽放射の弱さが大規模な鉛直混合を引き起こし，植物プランクトンの増殖を制限しているものと考えられている．永続的な低温環境も栄養塩の取り込みを抑える効果があることも知られている．

5.3 制限要因とレッドフィールド比

珪藻を除けば，植物プランクトンが成長するときには海洋の3大栄養素である窒素，燐，ケイ素の無機塩類（栄養塩）が大量に必要とされることや，こうしたプランクトンの生存に微量元素が必要であることなどをすでに述べたが，栄養塩類は植物プランクトンの成長速度を大きく制限しているので**制限要因**（Limiting factor）と呼ばれている．もちろん，海表面に近い層での光環境や水温なども制限要因になる場合があるが，それは例外的な場合である．植物の生産量（収量）はその生物が必要とする無機養分の中で，供給量の最も少ない無機養分によって決まる．このことはリービッヒの最小律（Libig's law of the minimum），あるいは最小量の法則（Law of minimum）として知られている．この最小律という概念は，海中の溶存量が最小の物質（要素）が制限要因にな

表5-1 植物プランクトンと動物プランクトンの体元素組成
(原子数比) とその平均値 (Redfield ら, 1963による)

	C	N	P
植物プランクトン	108	15.5	1
動物プランクトン	103	16.5	1
動植物プランクトンの平均	106	16	1

るという単純なものではなく,重要なのは植物プランクトンが「要求する割合」であって,その要求に対する割合が最小である場合に制限要因となりうるということである.

　植物プランクトンが様々な元素を摂取するとき,細胞の元素組成は海域の栄養塩濃度の増減に大きく左右されることなくある平均的な値を示すことが知られている.このことは動物プランクトンについても当てはまる(表5-1).植物プランクトン,動物プランクトンの細胞の元素比は表5-1に示すように一定の割合を示し,二つの値の平均として炭素:窒素:リンの割合が106:16:1となっている.この比はプランクトンの体元素組成を研究したRedfield博士の名前をとって**レッドフィールド比**(Redfield ratio)と呼ばれる.また,これにケイ素を加えた,炭素:窒素:リン:ケイ素=106:16:1:15についても同様にレッドフィールド比と呼ばれる場合がある.そして,海洋環境中で栄養塩の元素組成がこの比の値から少ない方に偏った元素がある場合,その元素が制限要因となりうるのである.

5.4 栄養塩類の分布

　5.2において栄養塩類の分布量が一次生産の地理的な違いに大きく影響を及ぼしている事をみた.ここでは,具体的に植物プランクトンの3大栄養塩であるリン酸塩,硝酸塩,ケイ酸の分布特性をみてみたい.図5-2に海洋表層の硝酸塩の地理分布を示す.

5.4.1 リン酸塩の分布

　リン (P) は窒素,カリウムとともに陸域の植物にとって必須の栄養元素で

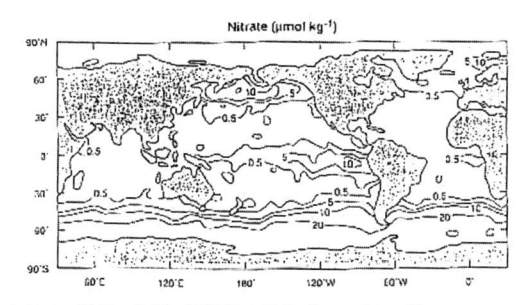

図5-2 世界の海洋の硝酸塩の分布（μ mol kg-1）
(Levitus et al. 1992)

ある．海洋において植物プランクトンの栄養となるリンはリン酸塩の形態で分布している．世界の海洋のほとんどの海域において，表層水中には $1\mu M$ にも満たない量しか存在せず，$1\mu M$ を超える海域は南極海の周辺や南米西岸の湧昇域などに限られている．ただし，内湾域では時に富栄養化によって $1\mu M$ を超える濃度のリン酸塩が観測される場合があるが，一般的にリン酸塩の濃度は海洋の表層部で少なく，深度の増加と共に高くなっている．しかし，その濃度は $3\mu M$ を超えることはほとんどない．深層のリン酸は湧昇流（後述）がある海域では再び**表層（真光層）**に輸送され，植物プランクトンの光合成に利用される．

5.4.2 硝酸塩の分布

植物プランクトンが最も多量に必要とする栄養塩は窒素の無機塩であることはすでに述べた．地球表層の環境における窒素は窒素分子（N_2）として大気中には 3×10^{24}g N，海洋には 2.2×10^{22}g N が分布している．海洋ではさらに 6×10^{20}g N が硝酸態窒素として水中に，5.5×10^{15}g N が生物および生物遺骸として分布している．

自然の海水中に存在する窒素を含む栄養塩には3つの存在形態があることが知られている．すなわちアンモニア（ここではアンモニウムイオン NH_4^+ と解離していない NH_4OH の和を NH_3 として表す），硝酸（NO_3^-），そして亜硝酸（NO_2^-）である．このため，海洋中の窒素系の栄養塩の分布はこの3つの成分すべてを測定して調べることになる．実際の海水中に分布する窒素は，ふつう

硝酸イオンとしての濃度が最も高く，アンモニアはその10分の1以下，亜硝酸は10分の1から100分の1ほどである．従って植物プランクトンは光合成の過程で利用する窒素源として，海水中に最も高濃度に分布する硝酸を吸収することになる．

富栄養化が進行した内湾では高濃度のアンモニアが検出されることがあるが，海洋の大部分の海域では硝酸塩がもっとも多く分布している．しかし，表層におけるその量は，光合成によって使われているために枯渇気味であり，世界の外洋域ではほとんどゼロからせいぜい$1\mu M$程度であるが鉛直的に見ると硝酸塩の濃度はリン酸塩同様，**真光層**（euphotic zone あるいは euphotic layer）下部付近から増えはじめ，水深の増加とともに高くなり，水深1000mをこえると$35\text{-}40\mu M$程度にまで増加する．ちなみに真光層とは海洋を鉛直的に区切ったとき海中の光透過によって，植物の生長に十分な光のある（植物の呼吸による酸素消費を光合成生産が上回るだけの光量がある）最浅部の水層に対する名称である．真光層は「**有光層**（photic layer）」と呼ばれることもあるが，有光層は真光層に含まれない微弱な光が到達する層まで含む場合があるため区別されるようになってきている．

5.4.3 ケイ酸塩の分布

ケイ酸塩は陸上の岩石や土壌に多く含まれ，河川水中にはリンや窒素に比べて遙かに高濃度で存在する．河川水の流入の影響の強い海域には高濃度のケイ酸塩が分布している．一方，外洋域においてケイ酸塩はリンや窒素同様，表層で少なく，表層以深では深度とともに表層から沈降してくる粒状物資の分解にともなって増加する．ケイ素は植物プランクトンの主要なグループである珪藻類の細胞殻を形成する物質で，動物プランクトンによって珪藻が摂餌されても消化はされず，糞粒として急速に深層に沈降してゆく．

5.5 栄養塩の供給，取り込み，分解

海洋における栄養塩類の分布は光合成の行われる舞台である海洋表層部（真光層）への栄養塩類の供給過程，真光層における植物プランクトンの取り込み

(消費) 過程と捕食者による摂餌・分解過程,そして深層への輸送過程によって支配されている.以下にその概要を述べる.

5.5.1 真光層への栄養塩類の供給

前節で述べたように,光合成が行われる場である真光層の栄養塩濃度は極めて低く,したがって海洋表層で一次生産が定常的に維持されるためには,外部から絶えず新たな栄養塩が供給される必要がある.海洋の大部分を占める外洋域では,このような真光層への栄養塩の供給は,栄養塩濃度の比較的高い亜表層海水との鉛直混合によって実現する.

鉛直混合は特に日本を含む温帯域においては非常に重要な栄養塩循環の駆動装置である.海水は海面やその近くで太陽放射によって暖められ,塩類含量の違いも作用して成層する傾向が強い.熱帯海域では通年発達する**成層**が栄養塩豊富な深層水の表層への輸送を阻んでいる.温帯海域でも夏期には熱帯海域と同様な状況を呈する.ここでは成層が容易に崩れないため,海洋表層で植物プランクトンによる光合成の結果,栄養塩の消費・枯渇が進行し,生産性の低下が起こる.しかし,温帯域では秋期に始まる成層構造の崩壊とともに,冬期の季節風と冷却によって水柱は混合され,深層水中の栄養塩が表層に輸送され,春期に海水温が上昇し,日射量も増えると植物プランクトンの大増殖を引き起こすこととなる.

湧昇流 (Upwelling) とは風や海流の引き起こす流れが深層にたまってい

COLUMN

湧昇流 (Upwelling)

海洋学でいう湧昇流 (Upwelling) とは,3章で述べられた「コリオリ力」によって引き起こされる大規模な海水の上向きの流れのことで,上向きの速度は黒潮などの水平流速が $1\,\mathrm{ms^{-1}}$ 程度であるのに対し,$10^{-2}\,\mathrm{ms^{-1}}$ 程度,すなわち 1 日に数メートルから数十メートル程度である.風が海面をこするとエクマン流ができ,片側に岸があるとこれを補うために湧昇流が起こる.また,アリューシャン低気圧などによって外向きに発散する海面の流れができたときも湧昇流が起こる.

5.5 栄養塩の供給，取り込み，分解

る栄養塩濃度の高い海水を海洋表層へもたらして高い生産性を示す海域を作り出す地球規模での海水の上昇流のことで，沿岸域において沿岸水が沖合に離岸することにより生じる沿岸湧昇（ペルー沿岸など），表層の海流が南北に分かれるため，それを供給するかたちで生じる赤道湧昇，大きな海流が海山上を通過するときに海山の斜面に沿って深層の海水を海面に引き上げる地形性湧昇（伊豆諸島付近を黒潮が通過する時に見られる）などがあり，海域の栄養塩供給過程を考える場合，極めて重要である．外洋域のうち，海洋成層によって通年鉛直混合が阻まれている赤道域では，赤道域東部で発生する大規模な沿岸湧昇流によってもたらされた栄養塩が，赤道の流れにのって西方に運ばれて，僅かながら真光層へ栄養塩を供給している．

海洋の沿岸域では，鉛直循環や湧昇流以外にも，河川水の流入や**エスチュアリー循環**といった沿岸域特有の栄養塩供給過程が存在する．このために，沿岸域は外洋域に比べて大きな純生産を維持することができる．

河川水の流入は，陸域起源あるいは陸域を経由して循環する物質を効果的に沿岸域に輸送する．陸域には森林，草原，耕作地，都市域などがあり，そこから土砂，天然有機物，人工物質，各種の栄養塩類などが河川に流入している．河川水に付加されたこれらの物質は，河川水中での物理・化学的過程，生物学的過程によって様態を変化させつつ海洋へもたらされる．一方，河川水の流量と水質は気象条件，河川の流路や構造のほかに河川水の利用状況，流域の植生や農耕地などの土地利用の影響も大きく受ける．

エスチュアリー循環は河川水が東京湾や伊勢湾などの閉鎖性海域に流入する場合におこる小規模な鉛直循環流のことである．河川水によって閉鎖水域に付加される淡水は海水に比べて低密度であるために河口域の表層に薄く広がる．一方下層では，密度の高い海水が沖合から河口域に進入してくる．このために河川水の連続的流入があると河口域を中心に表層水の沖合への移動に引きずられたかたちで高密度の沖合水が上昇してくる鉛直循環が起こる．この場合，河川水から付加される栄養塩類と沖合下層の栄養塩類の濃度バランスによって様々な影響が河口域に現れることになる．河川水から付加される栄養塩類と沖合下層の栄養塩類の濃度がともに高い場合，エスチュアリー循環によって海域の栄養塩レベルは急上昇し富栄養化となる．河川水から付加される栄養塩類の

濃度が高くても沖合下層の栄養塩類の濃度が低い場合には栄養塩濃度の高い河川水は希釈され，海域の急激な富栄養化は抑制される．河川水から付加される栄養塩類の濃度が沖合下層の栄養塩類の濃度よりも低い場合は海域の貧栄養化にブレーキがかかることになる．

　以上，海洋表層への新たな栄養塩の供給過程について見てきたが，真光層への新たな栄養塩供給が殆ど無い場合でも，純生産は消滅するが総生産は無くならない場合がある．真光層において，植物プランクトンは現場の栄養塩を利用して増殖するが，そこに栄養塩類の供給が無くなり貧栄養化すると植物プランクトンの生産は鈍化してしまう．このような場合，バクテリアや動物プランクトンなどが有機物を捕食・分解代謝するときに２次的に生じる栄養塩があれば植物プランクトンは自らの生産活動の維持につながることになる．しかし，窒素，リン，ケイ素の３大栄養塩を見る場合，かならずしもその３つが同様に再生されるとは限らない．窒素とリンはケイ素に比べると再生は速く，窒素とリンではリンのほうがわずかに再生は速いことが知られている．従ってある貧栄養海域で再生資源の利用競争が起きた場合，窒素利用（固定）に優れ，ケイ素を必要としない藍藻類などは速く再生されるリンだけを利用すれば良く，再生資源の競争では優位である．栄養塩として再生されにくいケイ素を必要とする大型珪藻類などは再生利用の生産においてはかなり不利だといえる．窒素は自然海水中ではアンモニア（NH_3），硝酸（NO_3^-），亜硝酸（NO_2^-）という３つの存在形態をとるため話は複雑である．しかし，この中でアンモニアの濃度はかなり低く，亜硝酸はさらに低い．このため，一般に栄養塩環境の良い海域の植物プランクトンは硝酸を主な窒素源として利用し，貧栄養海域の植物プランクトンは再生されるアンモニアを利用する．有機物が代謝分解された結果生じたアンモニア態窒素（NH_3）に基づく植物プランクトンの生産は「**再生生産 (regenerated production)**」と呼ばれている．ちなみに植物プランクトンの生産が行われている真光層以外から入ってくる硝酸態窒素に基づく生産は「**新生産 (new production)**」と呼ばれている．わかりやすく言えばリサイクルされた栄養塩を用いて光合成を行った結果としての生物生産を「再生生産」，光合成を行う「場」以外から運び込まれた栄養塩を用いて光合成を行った結果としての生物生産を「新生産」と呼び，海洋の真光層で行われる「総生

産」は「新生産」+「再生生産」となる．したがって，外部からの栄養塩の供給が小さい海域（**貧栄養海域**）では，「総生産」にしめる「再生生産」の割合は高くなる．真光層の外部から供給される栄養塩の供給速度が小さくても，真光層内部で栄養塩が十分にリサイクルされれば，その栄養塩を利用した光合成（再生生産）は理論上，限界無く続けることが可能である．しかし，実際にはリサイクルで得られた栄養塩を使って生産した有機物の一部は，植物プランクトン自身の沈降の他，動物プランクトンに捕食された後に糞粒（fecal pellet）として，または動物プランクトンや中深層性の魚類やエビ類などの日周，季節的鉛直移動によって深層に輸送されたり，糞粒や植物細胞が集まった大型の凝集体となって，高速で沈降する．このような生物活動に伴う炭素物質の深層への輸送を"生物ポンプ"（biological pump）と呼ぶ．このように再生生産や新生産の一部は真光層から下層へ「輸出」されるので「**輸出生産**」と呼ばれている．

真光層への栄養塩類の供給は上述した過程の他に風や海洋への直接降雨，潮流による移入などもある．また近年，沿岸海域への栄養塩供給ルートとして地下水の役割が注目されている．地下水経由の栄養塩が沿岸生態系に与える影響は河川に匹敵するとの報告もあり，地下水が海洋生態系に与える影響については，今後の研究に期待がかかる．

5.5.2 真光層における植物プランクトンの取り込み（消費）

真光層において光が十分ある場合，栄養塩の量が植物プランクトンの成長にどのように影響するのだろうか？　ここでは植物プランクトンの増殖における栄養塩類の影響を考えてみる．

栄養塩濃度と植物プランクトンの増殖の関係は

$$\mu = \frac{\mu \max [N]}{K_N + [N]}$$

で与えられる．

ここで μ は**栄養塩濃度** $[N]$ における**比増殖速度**（時間$^{-1}$）で，$\mu \max$ はその植物プランクトンの**最大比増殖速度**，K_N（μM）は栄養塩摂取の**半飽和定数**で，$\mu = \mu \max / 2$ における栄養塩濃度に相当する．この関係をグラフ化し

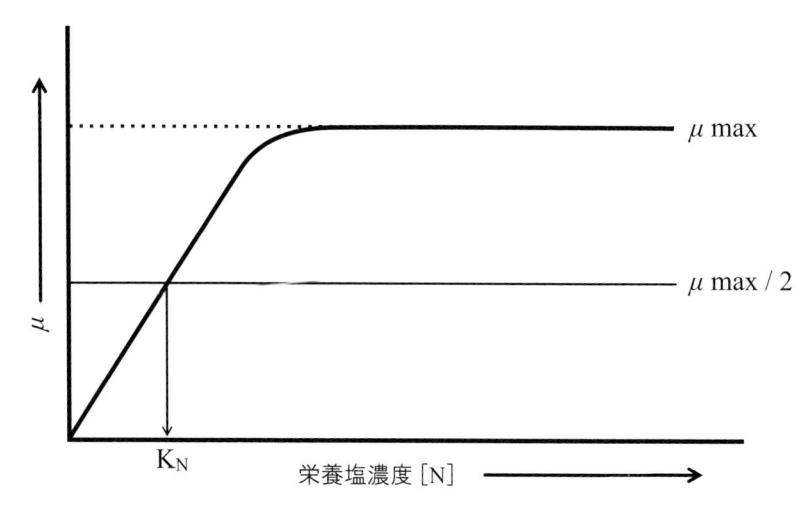

図5-3 栄養塩摂取模式図

たものが図5-3である．この図から植物プランクトンの増殖は栄養塩の初期濃度に比例して増加し，一定濃度を過ぎると飽和状態になることがわかる．しかし，海洋には多くの植物プランクトンが分布し，それぞれは異なる栄養塩に対して異なる**栄養摂取効率**をもっている．さらに植物プランクトンの増殖を制限する栄養塩は単一ではなく，これに光や水温，塩分などの物理量が作用しているため，植物プランクトンの栄養塩摂取は極めて複雑である．

5.5.3 捕食者による摂餌・分解，深海への輸送過程

真光層において，十分な光や栄養塩のもと増殖した植物プランクトンは植食性の動物プランクトンやオキアミ類などによって捕食され，そのエネルギーはいくつかの食物段階を経て高次の捕食者に伝わってゆく．捕食の過程で破砕された植物プランクトン細胞からはさまざまな有機物質が環境水中に放出され，その一部は**従属栄養性細菌**に取り込まれてその増殖に回わり，一部は細菌に分解されて無機物質となり，ふたたび植物プランクトンに利用される．また捕食をうけた細胞は消化吸収され，残りが糞粒として海中に放出され，沈降する．一方，捕食されずに残った細胞のうち増殖活性の落ちたものはやがて沈降する．

こうした「粒状」の沈降物質はその過程で無機の物質に分解されるが，水中の雑食者や**デトリタス**（有機残渣）食者などよって再捕食され，他は分解されぬまま海底に到達して底生生態系の物質循環に組み入れられてゆく．

5.6 栄養塩はめぐる

栄養塩は上述したように様々な様態にすがた形を変えながら地球環境を流れている．以下では，これまでに解説した3大栄養素のリン，窒素，そしてケイ素について，海洋環境中における循環の大枠を整理・確認してみよう．

5.6.1 リンの循環

図5-4に海洋におけるリンの循環の主要な経路を示す．

リンは海洋の中で様々な物質に含まれて存在している．そのうち海洋表層で植物プランクトンの光合成によって海水中から取り込まれる栄養塩としてのリンは無機の「リン酸塩」の形態をとる．植物プランクトンに取り込まれたリン酸塩は有機物中に組み込まれ，海洋生態系の中でリンの循環のスタート位置につく．植物プランクトンの中で合成されたリンは植食性動物プランクトンやオキアミ類などに食べられることによりこれらの動物に移り，さらに食物連鎖を通して雑食性，肉食性動物プランクトンから魚類へとに転送されてゆく．この過程で水中に放出される動物の**糞塊**や**脱皮殻**，そして死骸は「**粒状有機物**」となって海水中を沈降する．また，動物プランクトンや微小動物プランクトンからは代謝の過程で無機塩が排出され栄養塩として再生されて植物プランクトンに回帰する．一方，海鳥が補食した魚類などに含まれるリンは水中生態系から抜け出し，海鳥の糞となり陸上で堆積して**グアノ**となる．このグアノはその場所で再び風化・分解作用を受けて海に流出するものもあるが，人間によって肥料として採取され，田畑に施肥されて余剰分が河川に流出して海に戻る．海水中に「粒状物質」として放出されたリンは沈降・海底に堆積する過程で細菌による分解を受け無機化されリン酸塩に回帰する．分解が間に合わなかった粒子は海底に沈積し，リン灰石のような鉱物となって海底に埋没する．人間によるリンの収奪も顕著である．水産漁獲物として海洋から人間によって取り去られ

第5章 栄養塩はめぐる

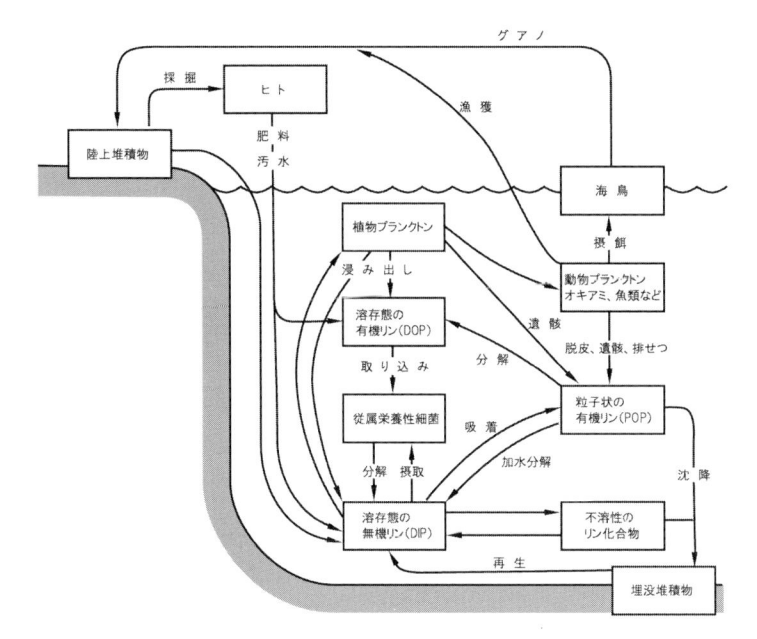

図5-4 リンはめぐる　リンの循環模式図

るリンの総量は年間1億トンを超えている．陸域からは岩石や鉱物に含まれるリンが風化によって分解されリン酸塩となって河川に流入．また，土壌に含まれるリンや人間活動によって生産されたリンは河川に流入し，沿岸域に付加される．これらのほとんどは沿岸域の植物プランクトンによって取り込まれ，光合成に使われる．

5.6.2 窒素の循環

図5-5に海洋における窒素の循環の主要な経路を示す．

海洋における窒素の循環は海洋生物を経由して海洋の表層と海底をつないで流れている．この循環経路は一見リンの循環経路と似てはいるが，窒素は硝酸（NO_3^-），亜硝酸（NO_2^-），アンモニア（NH_3）という3種の栄養塩と窒素分子（N_2）に形を変えながら循環しているので複雑である（ここでは便宜的にアンモニアにアンモニウムイオン，NH_4^+を含めて議論する）．

植物プランクトンが最も多量に必要とする栄養塩は窒素の無機塩である．植

5.6 栄養塩はめぐる

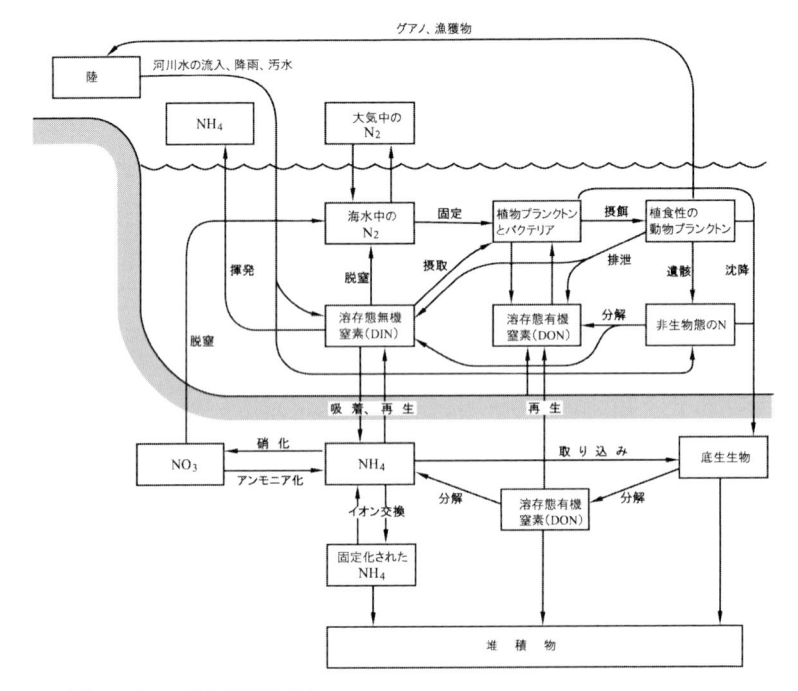

図5-5 窒素はめぐる　窒素循環模式図

物プランクトンがその細胞内でアミノ酸に同化する窒素はアンモニア態の窒素であるが，自然の海水中に含まれる窒素を含んだ栄養塩の存在割合は硝酸イオン（NO_3^-）がもっとも高く全体の9割以上を占め，ついで亜硝酸イオン（NO_2^-）が1割弱，アンモニア（NH_3）は亜硝酸イオンと同程度がそれ以下しか存在しない．従って，植物プランクトンは自然海水中での光合成においては硝酸イオンを吸収することになる．植物プランクトンに吸収された硝酸イオンは細胞中で亜硝酸イオンに還元され，さらにアンモニアに還元されてアミノ酸に同化される．この硝酸イオンからアンモニアが生成される過程は**硝酸還元**（Nitrate reduction）と呼ばれる．

　海水中での生物活動で生成されたN_2OやN_2は海面を通過して大気へと拡散してゆく．一部の細菌や**藍藻**にはこうした大気中の分子状窒素（N_2）を還元してアンモニア（NH_3）を生成し，これをアミノ酸に同化するものがいる．こ

れらの仲間は**珪藻**などの植物プランクトンが必要とする硝酸イオン（NO_3^-），亜硝酸イオン（NO_2^-），アンモニア（NH_3）という窒素系栄養塩類が無くても有機物の生産が可能であり，この過程を「**窒素固定**（Nitrogen fixation）」と呼ぶ．さらに海底の泥の中などの一部の嫌気的環境に分布する細菌においては自分の呼吸のための無機酸化物として硝酸イオン（NO_3^-）を利用し，これを還元して亜硝酸イオン（NO_2^-）を生成し，さらに一部は亜硝酸イオン（NO_2^-）を還元して NO から N_2O を生成し，最終的に分子状の窒素 N_2 を生み出すグループが存在する．この過程は窒素同化のための硝酸還元と区別して**脱窒過程**（Denitrification）と呼ばれている．

5.6.3 ケイ素の循環

ケイ素は植物プランクトンのなかで基礎生産の中心的なグループである珪藻類や**珪質鞭毛藻**などの細胞殻や骨格の形成に欠かせない栄養塩であり海水中ではほとんどがケイ酸（$Si(OH)_4$）として存在している．海水中のケイ酸のほとんどは解離していない．

一般にケイ素と呼ばれるものは二酸化ケイ素（無水ケイ酸，シリカ，SiO_2）をさし，陸上の岩石や土壌に多量に含まれおり，石英や珪砂，珪石などの形で産出する．

従って河川水中には海水の濃度（$30 \sim 100 \mu M$）に比べて数倍〜数十倍以上のケイ酸塩が $2 \mu m$ 以下の微小な粘度粒子として含まれており，その量は平均すると $400 \sim 500 \mu M$ にもなることが知られている．

近年では深海の熱水噴出活動にともなって大量のケイ素が供給されている事が明らかとなり，海水中へ付加されるケイ素は7割が陸上での風化による河川水の流入によるものであり，残りの3割が海底の**熱水噴出域**からの供給であるとされている．

沿岸域の表層に供給されたケイ酸はそこに生育する珪藻や珪質鞭毛藻類の光合成により細胞中に取り込まれる．殻を作るこれらの藻類が動物プランクトンによる摂餌を受けたり，死滅すると殻を形成している無機物であるケイ素は消化・代謝あるいは分解されることなく，すみやかに，糞粒，未消化物，あるいは殻破片として深層へ沈降してゆく．従って，リンや窒素に比べると深層に行

5.6 栄養塩はめぐる

くほどケイ素の存在割合は高くなっている．上述の深海熱水噴出域から付加されるケイ素とともに，海洋の深層には高濃度のケイ酸塩が分布し，その一部は湧昇流によって再び真光層へ持ち上げられて珪藻類の光合成過程に取り込まれる．一方，沈降した糞粒や細胞殻片は海底堆積物に埋没してしまう．海底堆積物へ埋没するケイ素は沈降するケイ素の数％以下と考えられている．

ケイ素は窒素やリンのように有機物の合成に使われることはほとんどなく，海洋におけるケイ素の循環は捕食・被食による栄養段階間での移動がない．したがって，海洋においては珪藻や珪質鞭毛藻の細胞殻や骨格形成に摂取される過程とそれらが溶解，移動（沈降），堆積する過程だけを考えれば良いのである．

第6章 炭素もめぐる

6.1 海洋中の炭素の存在形態：DIC・DOC・PIC・POC

　地球温暖化で問題となっている二酸化炭素や，生物の構成元素として重要な炭素は，地球上では大気中に約750Gt（1 Gt=1,000,000,000t），海洋中に約39,000Gt，陸上に有機物として約2,300Gt，地殻中の鉱物として約133,000,000Gt存在している．数百万年〜数億年の時間スケールの物質循環で重要となる地殻を別として考えれば，海洋が地球表層の炭素の貯蔵庫として最大のものであり，近年の地球温暖化等を含めた数年〜数万年単位の地球上の炭素分布の変動を考える上で，海は非常に重要な役割を演じている．

　地球表層の炭素の循環を取り扱う生物地球化学の分野では，海洋中に存在する炭素の存在形態を，大きく溶存態の無機炭素［dissolved inorganic carbon, **DIC**］および有機炭素［dissolved organic carbon, **DOC**］，粒子態の無機炭素［particulate inorganic carbon, **PIC**］および有機炭素［particulate organic carbon, **POC**］の4つに分けて考えることが多い．現在の海洋中におけるこの4形態の炭素の存在量［プランクトンや魚類などの海洋生物もすべてPOCに含める］は表6-1に示すとおりであり，圧倒的にDICの存在量が多い．

　DICの実体は，二酸化炭素が水中に溶け込んだときに生成される三種類の

表6-1　海洋中における炭素の形態別存在量

存在形態	存在量（GtC）
DIC	37700
PIC	0.15
POC	7.8
DOC	1198
合計	38903

化学成分，炭酸イオン（CO_3^{2-}），重炭酸イオン（HCO_3^-）および分子状二酸化炭素（CO_2）である．このためDICの事を**全炭酸**［total carbonate］と表記することもある．厳密にはメタン，一酸化炭素など，他にも炭素を含む無機成分は海水中に微量ながら溶け込んでいるが，上記3種の存在量があまりにも大きいために，通常の場合これらはDICには含めない．

DOC，POCは殆ど全てが海洋中で生物により生成される有機物である．PICもその殆どは動植物プランクトンが生成する炭酸カルシウムの殻（円石藻が生成する円石など）であり，生物由来である．DOC，POC，PICは，DICに比べて存在量は小さいが，後述するように海洋中における炭素の輸送に大きく寄与している．

6.2 DICの化学平衡と海洋中における濃度決定要因

DICを構成する三種の化学成分は，式（6.1）のような一連の酸解離反応を通じて相互につながっており，各成分の濃度の間には式（6.2）の関係が成立する．

$$CO_2 + H_2O \ <=> \ H^+ + HCO_3^- \ <=> \ 2H^+ + CO_3^{2-} \quad (6.1)$$
$$(CO_2 + H_2CO_3 \ <=> \ 2HCO_3)$$

$$[CO_2] \cdot [CO_3^{2-}] / [HCO_3^-]^2 = K \quad (6.2)$$

括弧書きはそれぞれCO_2，HCO_3^-，CO_3^{2-}の濃度を表す．Kは平衡定数で，水温，塩分と圧力（水深）の関数である．通常の条件下ではKはほぼ0.001程度の値になる．つまり海水中のDICのうち90％以上は重炭酸イオンであり，分子状二酸化炭素と炭酸イオンはそれぞれ数％程度を占めるに過ぎない．大気から海水中に二酸化炭素が吸収された場合も，その90％以上は重炭酸イオンに変換されてしまうため，海水中の分子状二酸化炭素の濃度そのものはなかなか上昇しない．このため海水は，純粋な水に比べて遙かに大きな量の二酸化炭素を吸収する事ができる．

また海水中では，炭酸イオンと重炭酸イオンが持つ負電荷の総量は，海水中

に溶けている強電解質（水に溶かした時に全てがイオンとして解離するような化学成分．たとえば陽イオンなら Na^+，K^+，Mg^{2+}，Ca^{2+} 等，陰イオンなら Cl^-，SO_4^{2-}，NO_3^- 等）の組成によって決められる，ある値を取る必要がある．この値の事を**アルカリ度**（alkalinity, Alk）と呼ぶ．

$$\text{Alk} = [HCO_3^-] + 2[CO_3^{2-}] \tag{6.3}$$

DIC の内部組成は常に（6.2）式と（6.3）式を満たすように変化する．たとえば同じ DIC 濃度の海水でも，アルカリ度が大きい海水の方が DIC 中で重炭酸イオンと炭酸イオンの濃度は大きく，分子状二酸化炭素の濃度は小さくなる．

海洋の表面では，大気と海洋との間で二酸化炭素のガス交換が起こる．海水中の二酸化炭素分子の濃度に比例定数（ヘンリー定数）をかけた値を**海水の二酸化炭素分圧**と呼ぶが，この値が大気の二酸化炭素分圧より大きいときには海水から大気への二酸化炭素の放出，逆に小さいときには大気から海洋への二酸化炭素の吸収が起こる．

既に述べたように，同じ DIC 濃度でもアルカリ度が大きい方が海水中の二酸化炭素分子の濃度は低くなり，従って海水の二酸化炭素分圧も低くなる．またヘンリー定数は水温に正相関するため，同じ DIC，アルカリ度の海水でも水温が低い方が海水の二酸化炭素分圧は低くなる．逆に言えば，大気と平衡状態にある海水中の DIC 濃度は，水温が低いほど，またアルカリ度が大きいほど大きい．

実際の海洋表面における DIC とアルカリ度の濃度分布は，それぞれ口絵6-1 のようになっている．海洋表面のアルカリ度は海水 1 kg あたり2200〜2400マイクロモル程度であり，大西洋のほぼ全域と南北両半球の中緯度域で高い．一方 DIC の濃度は海洋表層で海水 1 kg あたり1900〜2200マイクロモル程度であり，大洋別に見ると，アルカリ度の違いを反映して大西洋が他の大洋に比べて高くなっている．

緯度方向の分布を見ると，アルカリ度が中緯度域で最大値を示すのに対して，DIC の分布はむしろ高緯度域で高くなっている．これは高緯度域ほど水温が低く，大気平衡となる DIC 濃度自体が高い事と，高緯度域では深層からより

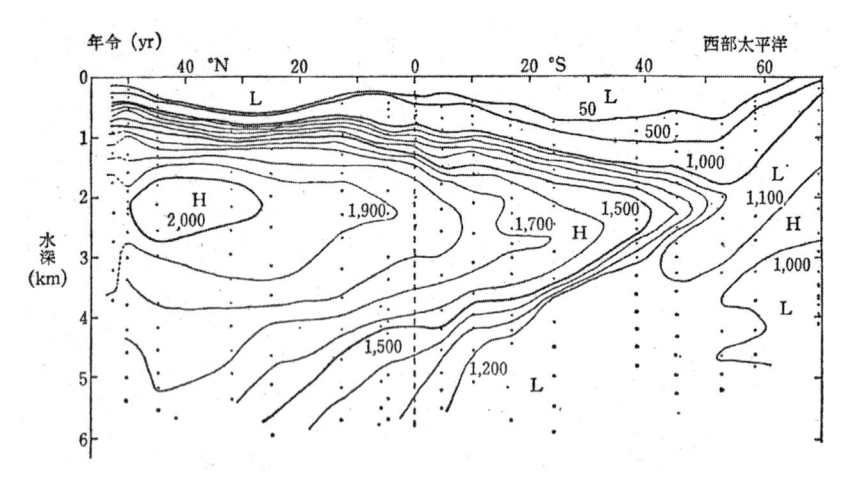

6.2 DICの化学平衡と海洋中における濃度決定要因

図6-1 太平洋の南北断面における「海水の年齢」の分布（西村雅吉編『海洋化学』産業図書）

DICの高い水（後述）がわき上がっており，DICの濃度が大気との平衡濃度以上になっている事の二つの理由がある．赤道域ではアルカリ度も低く，また水温も高いため，DICの濃度は非常に低い．

深さ方向の分布（口絵6-2）を見ると，海洋中のDIC濃度は海洋表層で一番低く，そこから水深とともに増大し，2000m～3000m付近で最大（海域によって異なるが，海水1kgあたり2300～2400マイクロモル程度）になる．それより下ではDIC濃度は再び深度とともに緩やかに減少していくが，海洋底近くでもDICの濃度は海洋表層に比べて海水1kgあたり約100マイクロモル大きい．これは，海洋表層以外では，海水の二酸化炭素分圧は常に大気に比べて大きくなっている事を示している．

第3章で述べられているように，現在海洋の中層から低層に分布している水は，かつて海洋表層にあった水が，高緯度域での沈降や中緯度域でのエクマン輸送等によって沈み込んでできたものである．これらの水が最後に表層を離れてからの経過時間を「海水の年齢」と言い表すことがある．たとえば太平洋の南北断面における海水の年齢の分布は図6-1のようであることが分かっている．

口絵6-2に示した深さ方向のDICの分布形態は、この「海水の年齢」の分布と非常によく似ている。これは、海水が海洋表層から深層に沈み込んだ後に、

第6章 炭素もめぐる

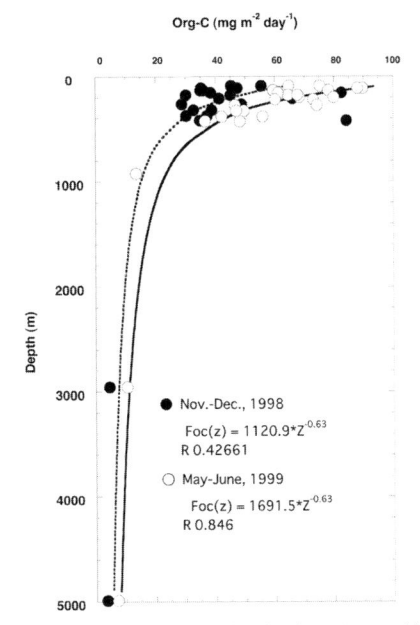

図6-2 北太平洋の Station KNOT（44°N, 155°E）で観測された POC 沈降量の深度による変化 白丸・黒丸はそれぞれ晩春期・晩秋期の測定結果を示し、直線、点線はそれぞれに回帰曲線を当てはめた結果を示す。（Honda et al.2002, DSRII 49, 5595–5625）

何らかの過程によって時間の経過と共に徐々に新たな DIC が付加されている事を示している。この深層への DIC 供給の役割を果たしているのが、海洋表層における生物活動である。

6.3 生物による POC 形成と生物ポンプ

6.7で詳しく扱うとおり、海洋表層では植物プランクトンの光合成によって、陸上植物にほぼ匹敵する年間32GtC もの有機物が生産されている。この大部分は植物プランクトン自身の呼吸や、植物プランクトンを補食した動物プランクトン・魚類等の呼吸等によって、海洋表層中で再び DIC にまで分解されてしまうが、光合成で生産された有機物のうちの何割かは海洋表層での分解を免れて、POC の形で中深層まで運び去られる。これを**輸出生産**（export production）とよび，海洋全体で年間7〜9 Gtの炭素がこの過程によって中深層に輸送されていると考えられている．5章で述べた栄養塩もまた，この炭素輸送と同時に（定量的にはレッドフィールド比の関係で）海洋表層から中深層に運ばれている．こうした生物生産に伴う栄養塩や炭素の下向きの輸送を，**生物ポンプ**（biological pump）と呼んでいる．

　輸出生産によって中深層に付加されたPOCは，一日あたり数m-数百m程度の速度で沈降しながら，バクテリアによる分解や，POCを捕食した生物の呼吸などを通じて，徐々にDICに変換される．こうしたPOCの分解は図6-2に示すように浅い水深帯で激しく起こり，深層では比較的変化が緩やかである．このためごく浅い沿岸部を除いた殆どの海域では，表層で生産されたPOCの殆どは海水中でDICに戻ってしまい，海洋底に到達するPOCは輸出生産の数％程度でしかない．さらに海洋底でも有機物の分解は進行するので，最後までDICに戻ることなく海底堆積物中に埋没していくPOCは，輸出生産の1％以下と考えられている．

　こうしたPOCの分解によって，中深層の海水中のDIC濃度は，海洋表層でのほぼ大気と平衡した濃度よりも大きくなる（口絵6-2）．このように，生物ポンプによって海洋内部のDIC濃度が押し上げられている事が，海水のアルカリ度の存在とともに，海洋中のDIC蓄積量を大きくしている重要な要因である．

6.4 生物ポンプの地理的・季節的不均衡と海洋表層の二酸化炭素分圧

　5章で見たように，海洋中の栄養塩の分布が毎年ほぼ一定であるとするならば，海洋表層での輸出生産で使用されるのと同じ量の栄養塩が毎年海洋の中深層から表層に供給されていなければならない（そうでなければ，海洋表層の栄養塩はやがて枯渇して全生物が死に絶えてしまう）．同じく第5章で述べたように，海洋中で生産される有機物中の炭素，窒素，リンの平均的な比率は，海域によらずほぼ一定であるので，炭素についても同様に，海洋全体では輸出生産によって海洋表層から中深層に運ばれる炭素量と，鉛直混合や湧昇によって中深層から表層へ運ばれる炭素量はほぼ釣り合っている．

但し高緯度域や赤道域のように，中深層から供給された栄養塩がその場で全て使い切られず，一部が海洋表層に残るような海域では，中深層から供給された炭素もまた全て使い切られずに残るので，その海域の海洋表面の二酸化炭素分圧は大気より大きな値となり，局地的な大気への二酸化炭素の放出が起こる．逆に亜熱帯域のように，高緯度海域の表層水に含まれる栄養塩が流入することにより，その場の中深層からの栄養塩供給量以上の輸出生産が起きている海域では，中深層から供給される以上の炭素が輸出生産で除去される事になるので，その海域の海洋表面の二酸化炭素分圧は大気より小さな値となり，局地的な二酸化炭素の吸収が起こる．このような輸出生産と中深層からのDIC再供給のアンバランスは，同一海域における季節間のアンバランスとしても発生しえる．すなわち，冬期は海洋表層-中深層間の鉛直混合が盛んになる一方，生物生産が不活発になるので，一時的に輸出生産がDICの再供給量を下回って海洋表面の二酸化炭素分圧の上昇が起こる．一方春期から夏期にかけては，冬期に過剰に供給された栄養塩を使っての大規模な輸出生産が起こるので，海洋表面の二酸化炭素分圧の減少が起こる．

このような海域毎，あるいは季節毎の輸送生産と海水流動による上向き炭素輸送のアンバランスによって，海洋表層の二酸化炭素分圧は口絵6-3に示すような，複雑なパターンの大気平衡からのずれを示す．しかし海洋全体としてみれば，輸送生産によって中深層に運ばれるPOCの炭素量と，中深層から海洋表層に再供給されるDICの量は必ず等しいので，海洋表層の二酸化炭素分圧の大気からのずれもまた，海洋全体で足し合わせれば殆どゼロに等しくなる．（少なくとも産業革命以前はそうであった．現在では大気中の二酸化炭素濃度の上昇のために少し状況が異なる．6.8節参照）

6.5 その他の生物ポンプ（1）：DOC

海洋表層ではPOCの他に，DOCやPICも生産されている．DOCの原料となるのは，植物プランクトンや動物プランクトンが直接体外に分泌する様々な有機物，POCの分解過程で浸出する様々な分解生成物等である．DOCには多種多様な有機分子が含まれており，それらの化学的性質を元にした分類作業や，

各分類群の海洋生態系中における役割等について現在も活発な研究が進められている．

　DOC は POC のように単独で沈降していく事はないが，表面海水が中深層に沈降していく時には内部に含まれる DOC もまた中深層に移行するので，緩やかながら DOC もまた生物ポンプの一端を担っているといえる．沈降した水塊中の DOC のうち，易分解性のものはバクテリア等により徐々に分解されていくので，中深層における DOC の鉛直分布はちょうど DIC や栄養塩の逆パターンとなり，表層で高く中層で極小となる．但し，DOC のうち易分解性のものはほんの一部である．DOC の大部分はきわめて難分解性であり，海水中を何千年にもわたって滞留し続けると考えられている．このため，年間の DOC の純生産量はそれほど多くないにも関わらず，海水中の DOC 濃度は比較的高く，表層で$100\,\mu\mathrm{mol/l}$，中深層で$50\,\mu\mathrm{mol/l}$ほど存在している．

6.6 その他の生物ポンプ（2）：PIC

　海洋生物には炭酸カルシウムの殻を形成するものが多く存在しており，これが PIC として海洋中の炭素循環に関わっている．植物プランクトンでは円石藻，動物プランクトンでは有孔虫やパルマ類，微少な浮遊生の貝類や翼足虫類などが，外洋域で炭酸カルシウム殻を形成する主な生物である．他に沿岸域には大型の貝類やサンゴ虫，石灰藻類など，きわめて大量に炭酸カルシウム殻を形成する生物が存在する．

　PIC も粒子として沈降し，海洋中深層で溶解して DIC に戻る．この際，POC と同様に海洋表層では DIC が消費されるが，同時に海水中のカルシウムイオンも炭酸カルシウム粒子として除去される．海水のアルカリ度はカルシウムイオン濃度と正相関しているので，海洋表層での PIC 生産は DIC を減少させると同時に，アルカリ度も減少させる働きを持つ．通常の海水の条件下では，PIC の生産による DIC の消費の効果よりも，アルカリ度の減少による DIC 中の分子状二酸化炭素濃度の存在比の上昇の効果の方が大きく働き，このため PIC が単独で生産されると，海洋表層の DIC は減少するにもかかわらず二酸化炭素分圧はかえって上昇する．

実際には生物が炭酸カルシウムの殻だけを単独に生産する事は殆どなく，多くの場合，有機物（POC）と炭酸カルシウム（PIC）が一定の割合で同時に生産される．海洋表層から輸出生産として沈降していくPOCとPICの量比（[POC]／[PIC]）を**レイン・レシオ**（rain ratio）と呼んでいる．一般的な海洋の条件下では，rain ratio が0.7以上であれば輸出生産によって海洋表層の二酸化炭素分圧は低下し，それ以下であれば二酸化炭素分圧は上昇する．通常の海洋生態系では rain ratio が0.7を下回る事はないが，円石藻ブルーム等の特殊な条件下では rain ratio が0.7を下回り，生物生産が起きているにも関わらず海洋表層の二酸化炭素分圧が上昇する事がある．

　海洋表層で形成されたPICは，中深層では沈降しながら徐々に溶解していく．溶解速度はアルカリ度が高いほど遅いため，十分に海水のアルカリ度が高い大西洋では，沈降した炭酸カルシウムのおおくは溶けきらずに海底に到達し，そのまま埋没する．こうして堆積した炭酸カルシウムが長い時間をかけて岩石化したものが石灰岩である．一方太平洋では中深層のアルカリ度が比較的低いため，PICは一部の海域を除いて海底まで到達できず，全て溶けてしまう．このため太平洋の海底には炭酸カルシウムは殆ど分布しておらず，代わりに主にケイ藻の殻であるケイ殻が堆積している．これはチャートと呼ばれる岩石になる．

6.7 グローバル炭素循環：海洋・大気・陸域・地殻間の炭素収支

　これまで海洋内部での各形態の炭素の分布と，その循環について述べてきたが，ここでは海洋全体と大気・陸域・地殻の間の炭素のやりとりについて記述する．大気と海洋との炭素のやりとりは，海洋表面での二酸化炭素のガス交換の形で行われる．これは前の節で述べたように，大気と海洋の間の二酸化炭素分圧の差でやりとりの量が決められる．つまり，海洋表面全体としての平均的な二酸化炭素分圧が大気より低ければ大気から海洋への二酸化炭素の吸収，逆であれば海洋から大気への二酸化炭素の放出がおこる．

　大気-海洋間のガス交換は比較的速やかに起こるので，もし何らかの要因で大気もしくは海洋表面の二酸化炭素分圧が変化した場合には，他方は直ちに追随して同じ二酸化炭素分圧になろうとする．このもっとも端的な例が，現在起

きている大気中二酸化炭素分圧の上昇に対する海の応答である．これに関しては次節でより詳しく述べる．

一方海洋と陸域・地殻との間では，下記のような過程で炭素がやりとりされている．

・海洋から陸域・地殻への炭素の搬出
　1）海洋底へのPOCの埋没　　　　　　　　　　0.2GtC/年
　2）海洋底へのPICの埋没　　　　　　　　　　0.3GtC/年

・陸域・地殻から海洋への炭素の流入
　3）河川・地下水を通じたPOC，DOCの流入　　0.2GtC/年
　4）河川・地下水を通じたPIC，DICの流入　　 0.3GtC/y
　5）熱水・冷水活動による海洋底からのDICの流入　0.008GtC/年

1）と2）の総和は5）より遙かに大きいので，海洋から海洋底へは一方的な炭素の搬出が起こっている．一方1）は3），2）は4）の過程によって，それぞれ海洋底へ搬出された炭素が河川から再び供給され，この結果現在の海洋全体の炭素収支は（大気中の二酸化炭素分圧上昇により海洋に吸収される分を除き）ほぼ釣り合っていると考えられている．

3）4）は陸域の炭素を減少させる過程に見えるが，陸域ではこれに相当する量の炭素が下記の二種類の「岩石の風化」によって供給され，その結果として陸域表層の炭素量もほぼ安定していると考えられている．

・石灰岩（$CaCO_3$）の風化による溶解
$$CaCO_3 + CO_2 + H_2O \rightarrow Ca^{2+} + 2HCO_3^- \qquad (6.4)$$

・カルシウム長石（$CaAl_2Si_2O_8$）の風化による粘土（$Al_2Si_2O_8(OH)_4$）の形成
$$CaAl_2Si_2O_8 + 2CO_2 + 3H_2O \rightarrow Ca^{2+} + 2HCO_3^- + Al_2Si_2O_8(OH)4 \qquad (6.5)$$

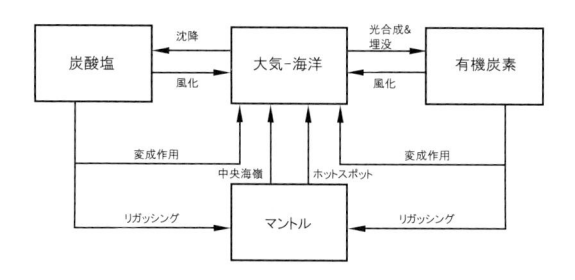

図6-3　大気・海洋・陸域・海洋底間の炭素の循環図
（Tajika, 1998を元に作成）

　上記の岩石の風化によって，カルシウムイオンも生成される点に注意してほしい．この過程により生成されたカルシウムイオンが河川を通じて海洋に流入し，PICの堆積で失われたアルカリ度を補償している．

　また風化作用によって，岩石中に僅かに含まれるリン酸，硝酸等の栄養塩も陸域表層に供給され，それらの新しい栄養塩を使った光合成によって，3）に相当する量の有機炭素が陸上生態系中に新たに固定されていると考えられている．

　数千万年から数億年の時間スケールを考えると，1）2）の過程により海洋底に蓄積された炭素はその場で石灰岩化してプレートテクトニクスにより陸域に付加されるか，一旦マントルに取り込まれた後，大陸地殻中でのマグマ活動を通じてカルシウム長石を形成するなどして，きわめて長い時間を経て陸域地殻に輸送される．こうして数千万年-数億年の時間スケールで見ると，海洋・大気・海洋底・大陸地殻の炭素は図6-3のように全てがつながりあって循環している．

6.8 グローバル炭素循環の不均衡と気候変動

　図6-3に掲げた炭素循環図の各ボックス間の炭素輸送量は，造山運動や陸域・海洋における生態系の変動などの要因によって，長い時間スケールで個々に変化する．このため，各ボックスにおける炭素の収支は必ずしも厳密に釣り合っているわけではなく，数万年以上の長い時間スケールのなかでは海洋・陸

6.8 グローバル炭素循環の不均衡と気候変動

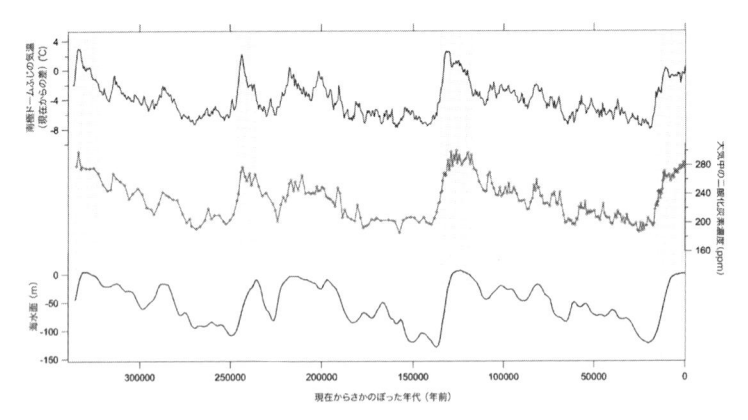

図6-4 氷期 – 間氷期の大気中二酸化炭素分圧の変動(太線).間氷期にあたる部分を灰色で着色してある.(ドームふじの氷床コアデータ)

域・地殻の炭素量は徐々に変動している.先に述べたように,大気の二酸化炭素分圧はガス交換を通じて海洋とほぼ連動するため,海洋中の炭素量(厳密には海洋表層の二酸化炭素分圧)の変動は大気の二酸化炭素分圧(およびそれによる温室効果)を変動させ,気候を大きく変化させる可能性がある.

今から1万年〜100万年前の氷期・間氷期には,数千年-数万年の時間スケールで気候が寒冷化と温暖化を繰り返していたが,この際に大気中の二酸化炭素分圧も連動して増減していた事が分かっている(図6-4).この二酸化炭素の変動も,以下の二つの原因によって海洋中の炭素量が大きく変動したためだと考えられている.

・単純に,氷期に海水温が下がるとヘンリー定数が減少して海水の二酸化炭素分圧が減少するため,それを相殺する分だけ大気から海洋に二酸化炭素が移行した.間氷期には逆のことが起こった.

・氷期には現在海水として蓄えられている水の一部が大陸氷床として陸上に固定され,海面が低下して現在大陸棚と呼ばれている部分の海底が大気中に露出した.この結果,大陸棚上の石灰岩や,浅海域に大量に堆積している貝殻等の炭酸カルシウムが雨で溶解し,河川を通じて海へ流入して海のアルカリ度を増加させた.アルカリ度が増加すると海水の二酸化炭素分圧は減少するので,

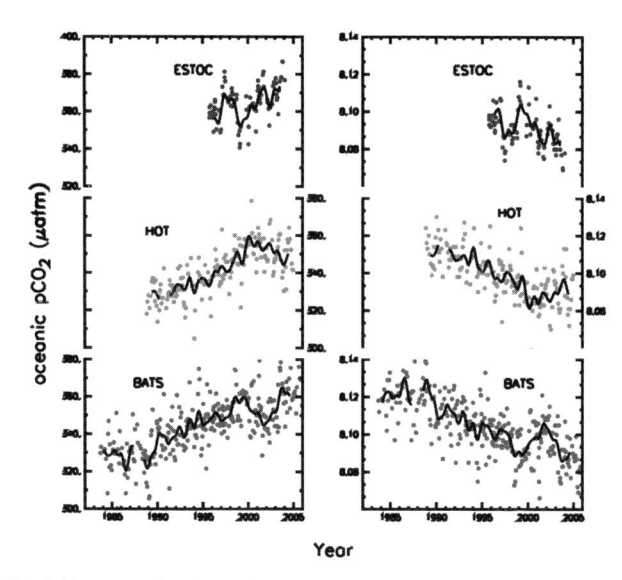

図6-5 代表的な海域における海洋表層二酸化炭素分圧（左）とpH（右）の経年変化
上からESTOC（29oN, 15oW），HOT（23oN, 158oW），BATS（31oN, 64oW）での測定結果．
（IPCC IR4のFigure 5.9）

その減少分を相殺するために大気中の二酸化炭素が海洋に移行した．一方間氷期には大陸氷床が溶けて海水面が上昇していくが，このとき貝や石灰藻など，沿岸性の炭酸カルシウム殻形成生物が，海面の上昇と共に次々に繁殖して，大陸棚上に大量の炭酸カルシウムを沈殿させた．このため海洋中のアルカリ度が減少し，海水の二酸化炭素分圧が上昇して大気への二酸化炭素の放出が起こった．

より近年では，人類活動によって，大気の二酸化炭素分圧が産業革命以前の280ppmから現在の390ppmまで増加し，なお上昇を続けている．これは人類活動によって，石炭・石油という地殻中の炭素が大量に大気中に放出された現象と考えることができる．

この大気中二酸化炭素濃度の上昇にともなって，大気から海洋への二酸化炭素の吸収が起こっている．

大気から海洋への二酸化炭素の吸収は，まず海洋表面でおこり，その結果海

洋表層の二酸化炭素分圧は，一部を除いてほぼ大気と同じ速度で上昇を続けている（図6-5）．高緯度域のようにもともと海洋から大気への二酸化炭素の放出がおきている海域でも，大気中二酸化炭素分圧の上昇に対応して海洋表層二酸化炭素分圧も上昇している点に注意が必要である．これは二酸化炭素放出域においても，大気中二酸化炭素分圧の増加にともなって「大気への二酸化炭素放出量が（以前に比べて）減少する」という過程を通じて海洋中二酸化炭素の増加が行えるからである．このため自然状態で二酸化炭素の吸収域であるか放出域であるかに関わらず，海洋の殆ど全面で「海洋への新たな二酸化炭素の蓄積」は起こっている．

　海洋表層で吸収された二酸化炭素は主に DIC の形で蓄積されるので，その中深層への輸送は DOC 同様，海洋表層から中深層への水塊の沈降や鉛直混合によって行われる．北大西洋の高緯度域や南極海では海洋表層から中深層への水塊の沈降が頻繁に起こるので，こうした海域では人類活動起源炭素の海洋中の蓄積量は大きい（口絵6-4）．一方亜熱帯域は海洋表層と比較的水深の浅い中深層との間に活発な水塊交換が起きているため，ここでも人類活動起源炭素の蓄積量は比較的大きくなる．

　アルカリ度が一定の状態で，人類活動起源炭素の吸収によって DIC が増大すると，その海水の pH は低下する（図6-5）．炭酸カルシウムは pH が低いと溶けやすくなるので，海水の pH の低下が進んである下限にまで達すると，海洋表層で炭酸カルシウムが溶解するようになり，炭酸カルシウムの殻を持つ生物に大きな影響を与える事が懸念されている（**海洋酸性化問題**）．一方人類活動起源二酸化炭素を吸収して pH の低下した海水が徐々に中深層へ沈降し，ついに深海底に到達するようになると，海洋底に堆積している炭酸カルシウムも徐々に溶け出すようになる．海洋全体としては，表層で吸収された二酸化炭素と海洋底の炭酸カルシウムとの間で式（6.4）が進行する事になる．現在埋蔵が確認されている石炭と石油を全て燃焼させたとしても，それによって放出された二酸化炭素は，数万年の時間スケールで見れば式（6.4）によって全て海底の炭酸カルシウムと反応し，最終的に海洋に吸収されると考えられている．

　但し海水の鉛直循環に伴う海洋表層から深海底への CO_2 の輸送に千年近くかかるので，式（6.4）の進行速度は非常に遅い．そのため，人類活動により

大気中に放出された炭素は非常にゆっくりとしか減少せず，その間の温暖化効果は地球の気候や生態系，さらには人類の社会に非常に大きな影響を及ぼす事が懸念される．

COLUMN

単位について

本文の中で，同じ炭素の量を示すのに「GtC（ギガトンカーボン）」とか「μ mol（マイクロモル）」とかさまざまな単位が出てきます．なぜ一つの単位で済ませないのだろう？

本来は，科学の世界で物質の量を表す時には全て「モル」という単位を使う事になっている．「モル」とは簡単に言えば「その物質を構成している要素粒子（分子，原子，イオン等）が6.0×10^{23}個集まった状態」を指す．例えば「1モルのCO_2」といえば「CO_2分子が6.0×10^{23}個」のこと．「1μmolの炭酸イオン」だったら（「マイクロ」が10^{-6}という意味だから）「$1\times6.0\times10^{23}\times10^{-6}=6.0\times10^{17}$個の炭酸イオン」という意味になる．日常の感覚では，同じCO_2でも気体だったら「体積」，固体（ドライアイス）だったら「重さ」，水に溶けている状態では....あれ用語がないや，といった風に様々な方法で量を表す事になるが，科学の世界ではCO_2が気体になったり水に溶けたり，カルシウムと結合して石灰岩になっちゃったり……と様々に変化していくのを通しで見ていかなければならないので，ものの状態に左右されない「モル」という単位を使うことが非常に便利なのだ．

便利なんだけど……何だその6.0×10^{23}っていう中途半端な数字は．だいいち「CO_2分子が6.0×10^{23}個」って言われてもピンと来ないぞ．それ結局何グラムよ．

「モル」は科学の世界では非常に便利なのだが，科学で得られた知識を日常の世界に応用するときには逆に非常に不便な単位（直感的に「どれだけ多いのか，少ないのか」が判りにくい，という意味で）なのだ．例えば地球温暖化の問題を議論するときに「人類が一年間に放出しているCO_2の量」をモルで表しても，多くの人にはそれがどのくらいの量なのか判らない．そこで特に炭素循環の世界では，温暖化の議論でよく使われるようになった「海洋全体に含まれる炭素の量」などといった地球規模での炭素の量を表す時には，「モル」による表記をやめて，「含ま

6.8 グローバル炭素循環の不均衡と気候変動

れている炭素の重さ」で量を表すようになった．これが GtC という単位だ．（「ギガ」は10の9乗という意味．なので1 GtC は「炭素原子が 1×10^9 トン＝ 1×10^{15} グラム分集まっている」という意味になる）

炭素1モルの重さ（分子量）は12.01グラムだから，例えば本文中に出てくる「全海洋中に溶けている炭素の量」39,000GtC は，モルに直すと

$(39,000 \times 10^{15}) \div 12.01 = 8.32639 \times 10^{13}$ モル

「全海洋に炭素が39,000Gt 溶けている」と言われた場合と，「全海洋に炭素が 8.32639×10^{13} モル溶けている」と言われた場合と……何となく，前者の方が「うゎでけぇ！」って感じ，するでしょ？

……どっちもどっちか．

第7章 生物もめぐる

7.1 人と海洋

　私たちにとって海洋とは，例えば，食用としての魚貝類・海藻類が生産される場所，マリンレジャー（海水浴，釣り，サーフィン，ダイビング，ヨットなど）を提供してくれる場所，ホエール（イルカ）ウオッチングや風景を愛でるための場所などである．特に海に四方を囲まれた日本人にとって，海洋は切っても切り離せない存在といえるだろう．近年，海洋研究者が，新聞やテレビなどのメディアを通じて「今，海に異変が起こっている」と発信しているのを多くの人が見聞きしていると思う．

　私たちは，地球という生態系の中の一員に過ぎないが，私たちの営みは今や自然生態系の構造を大きく変えてしまうほどの規模に達している．その負の結果として生じた海洋環境あるいは海洋生態系の変化として，

　1）二酸化炭素濃度の増加による海水のpHの低下（酸性化）
　2）地球温暖化による海水温の上昇
　3）乱獲による特定の漁獲対象種の資源量の著しい低下
　4）沿岸・内湾域での過剰な有機物負荷による無酸素層の拡大および底棲生物の大量死
　5）汚染による有害物質の生物濃縮，有害植物プランクトンの異常増加（赤潮）とそれに伴う魚貝類の大量死
　6）船舶のバラスト水や養殖生物導入による生物種の分布変化
　7）クラゲ類の個体群増加および分布域拡大

などがあげられる．これらの問題は世界の多くの沿岸・大陸棚域あるいは大部分の外洋域で生じている．もし海洋研究者が言っていることが本当ならば，海洋生態系の機能は深刻な不健全な状態に陥っていることになる．

　多くの人は，学校の授業やメディアを通じて海や海洋生物について知る機会があるだろう．一方で，生物と生物の関わりや生物と環境の関わり，すなわち

7.2 海という生活圏

「海洋生態系」について学ぶ機会は，一部の大学の学部で専門科目として選択しない限り，とても少ないというのが日本の現状である．年齢，職業，社会的立場に関係なく，私たち一人一人が今よりももう少し海洋生態系について知ることによって，私たちが今後末永く海洋の恩恵を受けることが出来るはずである．本章では，海洋生態系の概念について，発見と発展の歴史を紹介しながら，海洋に棲息する生物を介した物質循環とエネルギーの流れの特徴や環境との相互作用（海洋生態系の構造と機能）について説明する．

7.2 海という生活圏

カイヨウセイタイケイと聞いても，イメージが持てそうで持てない，ちょっととらえどころのないモノと感じる人が多いかもしれない．実際には，学校で学習した算数と理科（特に物理，化学，生物）の基礎知識を海洋という環境に少し応用すると，海洋生態系のあらましを理解することができる．もちろんどの学問，職業，趣味でも同じように，そのためには新しい用語をいくつか知っておく必要があるだろう．

ある1種類の生物の個体がある限られた空間に集まって**個体群（population）**を構成し，異なる種類の個体群がある限られた空間に集まって**群集（community）**を構成する．そして生物群集とそれがよって立つ物理化学環境（温度，光，pH，栄養塩など）の総体が**生態系（ecosystem）**である．物質（炭素，窒素，リン，鉄など）は様々な形で生態系内を循環し，エネルギーは生態系を通過する．生態系における物質とエネルギーの流れを図7-1に簡略して示した．基礎生産者とは，無機物から太陽エネルギーを使って有機物を光合成する唯一の生物群である．基礎生産者によって生産された有機物は，消費者（図7-1では一次，二次，三次消費者）と分解者によって利用される．消費者と分解者は，生態系内の有機物を使ってエネルギーを消費（呼吸）することで，新たな物質（有機物）を生産し，無機物（栄養塩）を再生する．つまり海洋生態系とは，海洋の生物群集とそれがよって立つ物理化学環境の総体であり，そこに物質循環とエネルギーの流れが生じている．

海洋生態系では，陸上生態系と同じように，植物の光合成による有機物生産

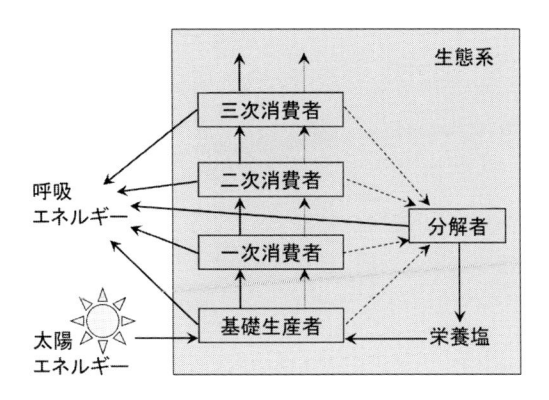

図7-1　生態系内の物質とエネルギーの流れの模式図．実線の矢印はエネルギー，点線の矢印は物質，破線の矢印は物質およびエネルギーの流れを示す

（一次生産あるいは基礎生産）が，生態系を支える主要なエネルギー源である．陸上生態系と違う点は，肉眼では直接見ることのできない単細胞の藻類，すなわち植物プランクトンが，海洋生態系の光合成生産の大半を担っていることである．海水の密度，粘度，吸光度は，空気のそれと比べて桁違いに大きい．この特性のため，一般に海洋の上層と下層の水は混ざりにくく，植物の光合成に必要な光の到達深度は大部分で100m以浅である（図7-2）．海洋は平均水深が約3700mあるが，一次生産が行われる層はごく表層に限られている．一方で，植物の生長に必要な栄養塩は，大半の海洋の表層で濃度が低い．また，あらゆる生物の細胞質は海水よりもわずかながら重いため，必然的に沈んでしまう．つまり，海洋表層で光合成生産を行うためには，低濃度の栄養塩を効率良く取込んで増殖する能力と，表層にできるだけ長くとどまる能力の両方を満たす必要がある．これらの条件を満たすのが，微細な植物プランクトンである．小さいということは，体積あたりの表面積が大きいということで，水との摩擦抵抗の増加につながる（光合成に必要な光が届く深度に長くとどまる条件）．また，小さいことは，海水中の低濃度の栄養塩を細胞表面から吸収する効率という点でも有利になる（栄養塩を効率良く利用する条件）．後で触れるように，海洋の小さな一次生産者を直接利用する一次消費者もまた小さい．

　一次生産に必要な栄養塩は，細菌や動物プランクトンが有機物を分解代謝す

7.2 海という生活圏

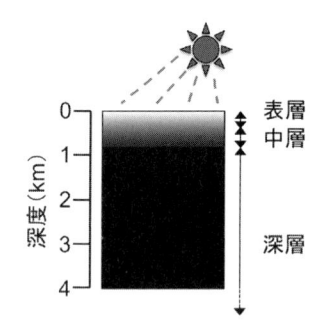

図7-2 海洋で光合成生産が行われる表層（約100mまで）が、平均水深（約3700m）に比べていかに薄いかを示す。海洋の大部分は、暗黒・低温・高水圧の世界である。（谷口 1986より改変）
（谷口 旭（1986）海とプランクトン 浮游生物学概説2. 海と生物, 44: 162-167）

るときに再生される（図7-3）。栄養塩の再生は、海洋の表層でも中深層でも行われているが、表層では植物プランクトンが有機物生産のために栄養塩を消費する。そのため、一般に栄養塩濃度は表層で低く、中深層で高い。表層と中深層の海水が混ざらない場合、表層の植物プランクトンの一次生産は、表層内で再生された栄養塩を利用して行われる。表層と中深層の海水が混ざる場合、植物プランクトンの一次生産は、中深層から供給される高濃度の栄養塩を利用して行われる。前者を**再生生産（regenerated production）**、後者を**新生産（new production）**という。再生生産系は、系内の生産性を維持するための効率の良い資源再利用システムが存在する。新生産系では、系外からの栄

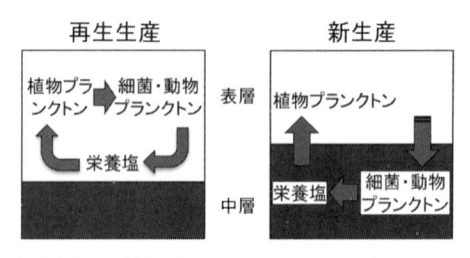

図7-3 海洋表層で、植物プランクトンが光合成生産を行うときに必要な栄養塩には、表層内で再生される栄養塩と、中深層で再生されて再び表層に戻ってくる栄養塩がある

養塩供給量に応じて系内の生物量と生産性が増加し，系内で消費されない有機物は死骸や糞という形で系外へ移出される．

COLUMN

表層，中層，深層：生物・化学と物理の違い

この章のように，生物や化学を研究する人は，**海洋中層 (mesopelagic layer)** は水深100mあるいは200mから1000mまでの層を指し，海洋深層は広義で水深1000m以深を指すが，**漸深層 (bathypelagic zone)**，**深海層 (abyssopelagic zone)**，**超深海層 (hadopelagic zone)** と区分する．一方，3章で述べられているように，物理を研究する人は，表層水，中層水，深層水，底層水の4つの層に分けるときは，北太平洋の中緯度を例にとれば，それぞれ0〜500m，500〜1500m，1500〜4000m，4000m以深を指す．いずれにしても，世の中で「海洋深層水」として売られているペットボトルの水は，水深200m前後から採取されているので，生物・化学系の呼び方では中層水，物理系の呼び方では表層水である．

海洋圏の特徴として特筆すべきは，沿岸浅海域をのぞけば，陸上圏とは比較にならないほど大きな鉛直的広がりを有していることである．海水の総量は約14億km^{3}で，海洋の最も深い部分は1万mを越える．つまり海洋の物質循環とエネルギーの流れは，植物プランクトンによる有機物生産を生態系の出発点に，様々な生物が介在して，水平および鉛直方向の時空間的に雄大なスケールを持っているのである．

7.3 海に棲む多様な生物の区分について

海には多種多様な生物が棲息している．海洋生態系の生物生産や物質循環の研究において，海洋生物は分類学的な側面のみならず，生活様式，細胞あるいは体のサイズ，栄養様式などで区分されて取り扱われることが多い．これは分類学上の種の果たす役割が軽視されている訳では決してない．生態系に存在する生物種と彼らの相互関係の理解なしに，生態系の構造と機能を明らかにすることは出来ないのである．しかしあまりにも微に入り細に入った種ごとの詳細な記述の羅列による生態系全体の描写は，木を見て森を見ずの如しとなる．以

7.3 海に棲む多様な生物の区分について

下にこれらの区分について概観する．

分類学の側面：分類学は，生物を統一的に階級分類することを目的とした生物学の一分野である．現在の生物分類学では，全ての生物は，**真正細菌 (Bacteria)**，**古細菌（Archaea）**，**真核生物（Eukarya）** の３つのドメインに分類される．

真正細菌とはいわゆる細菌（バクテリア）のことで，大腸菌，枯草菌，藍細菌などを含む生物群である．形状は球菌か桿菌，ラセン菌が一般的で，通常１〜10μmほどの微小で核を持たない原核生物である．

古細菌は，形態的には真正細菌と同じ原核生物に属し，細胞の大きさ，細胞核を持たないことなどの点で共通する．このため，古細菌は真正細菌と同じグループとして扱われてきた．しかし分子レベルでの研究が進むにつれ，その違いが明らかになり，1977年以降になって古細菌という枠組みが出来た．現在でも，真核生物に対して，真正細菌と古細菌をまとめて原核生物と呼ぶ（本章では，溶存態有機物を利用する微生物の総称として，生態学的見地から「細菌」という用語を用いていることに注意すること）．

真核生物は，細胞の中に細胞核と呼ばれる構造を有する生物のことである．真核生物の細胞は，一般に原核生物の細胞よりも大きく，細胞内にはさまざまな細胞小器官がある．細胞核は必要な物質のみ透過する穴の開いた二重の膜で覆われており，核液と遺伝情報を保持するDNAを含んでいる．細胞のその他の部分は細胞質とよばれ，細胞骨格によって支えられている．

COLUMN

古細菌の特徴

古細菌の主な特徴は以下の通りである．(1)細胞膜を構成する脂質のグリセロール骨格の sn-1，sn-3位に炭化水素鎖が結合する（他のドメインでは，sn-1，sn-2位に結合）．(2)細胞膜細胞膜が sn-グリセロール-1-リン酸のイソプレノイドエーテルによって構成される（他のドメインの細胞膜は，sn-グリセロール-3-リン酸の脂肪酸エステルで構成される）．(3)多くの古細菌の細胞壁は糖タンパク質で構成される（真正細菌の細胞壁はペプチドグリカンで，N-アセチルムラミン酸，D-アミノ酸を含む）．

生活様式による区分：海洋の生物は，生活様式によって，浮遊生活を送るプランクトン，遊泳生活を送るネクトン，あるいは底生生活を送るベントスに大きく分類される．3者の間では体のサイズ，形態，生理生態，運動性，生活空間など多くの相違点がある．しかし，ひとつの生活様式で過ごす生物もあれば，生活史のなかで複数の生活様式を持つ生物もいる．例えば，プランクトン生活を生涯営むものは，**真性プランクトン（holoplankton）**，一時期だけのものを**一時性プランクトン（meroplankton）**と呼ぶ．またサイズが小さく広範囲を泳ぐことはないが，微視的には遊泳して移動するものをマイクロネクトンと呼ぶ．

サイズによる区分：海洋生態系では，サイズによって食物連鎖における位置と役割が異なることから，サイズ区分ごとに生物密度や生体量を測定して，生態系の全体像を捉えようとする手法がある．例としてプランクトンのサイズ群とその定義サイズを示すが，これは時代による変遷もさることながら，研究者の間で定義の違いが常に存在することに注意が必要である（表7-1）．

栄養様式による区分：全ての生物は，そのエネルギー源と炭素源，つまり栄養様式によって分類される．

独立栄養生物（autotroph）は，無機化合物（二酸化炭素，重炭酸塩など）だけを炭素源とし，無機化合物または光をエネルギー源として生育する生

表7-1　プランクトンのサイズ群の名称とサイズ幅
（谷口　旭（1989）微小動物プランクトンの存在　生物海洋学 – 低次食段階論　西澤　敏編　27-48）

サイズ群の名称	サイズ幅
巨型プランクトン（Megaplankton）	>2000μm
大型プランクトン（Macroplankton）	200〜2000μm
中型プランクトン（Mesoplankton）	—
小型プランクトン（Microplankton）	20〜200μm
微細プランクトン（Nanoplankton）	2〜20μm
超微プランクトン（Ultraplankton）	—
ピコプランクトン（Picoplankton）	0.2〜2μm
フェムトプランクトン（Femtoplankton）	0.02〜0.2μm

ここでいう micro, nano, pico, femto はいずれも大きさの順序を示しており，実際のサイズとは関係していない．サイズが1桁違う，つまり質量が10の3乗違うということに由来しているのかもしれない．サイズ幅の定義は必ずしも統一されておらず，研究者や文献によって異なることがある．

物をいう．

従属栄養生物（heterotroph）とは，生育に必要な炭素を得るために有機化合物を利用する生物をいう．食物連鎖における消費者または分解者である．

混合栄養生物（mixotroph）は，独立栄養および従属栄養の混在したものである．限りなく独立栄養に近いものから，限りなく従属栄養に近いものまで，多様な混合栄養様式が存在する．本章では詳しく触れないが，単細胞性のプランクトンには混合栄養様式を持つものが多い．生態系内での物質とエネルギーの流れを考える上で，混合栄養生物の役割は興味深い．上記の分類を組み合わせることによって，さらに4つの栄養様式が定義される．

光合成独立栄養生物（photoautotroph）は，光をエネルギー源として利用し，炭酸固定を行なう．多くの植物，藻類，藍藻，光合成細菌等が含まれる．

光合成従属栄養生物（photoheterotroph）は，光をエネルギー源として利用し，有機物を炭素源として利用する（炭酸固定できない）．一部の光合成細菌（紅色非硫黄細菌など）が含まれる．

化学合成独立栄養生物（chemoautotroph）は，還元型無機化合物の酸化によってエネルギーを獲得し，炭酸固定を行なう．一部の細菌（硝化細菌，硫黄酸化細菌，鉄細菌，水素細菌など，ただし鉄細菌は独立栄養ではないとする見解もある）が含まれる．

化学合成従属栄養生物（chemoheterotroph）は，エネルギー源および炭素源の区別が前述の3つのグループでは明確なのに対して，この生物では不明確である．すなわち，有機物の酸化を行ないながらエネルギーを得て，その炭素をそのまま炭素源として利用する．多くの動物，微生物が含まれる．

7.4 海洋生態系の概念の発達

食物連鎖（food chain）あるいは**食物網（food web）**は，生態系の生物群集内における食う・食われるの関係に着目して，それぞれの生物群集の生物種間の関係あるいは組織化を表す概念として使われる．

連鎖か網の違いは，捕食・被捕食関係の複雑さの程度に応じて使い分けられる（図7-4）．例えば，ある1種の植物が，ある1種の植食性動物によって消

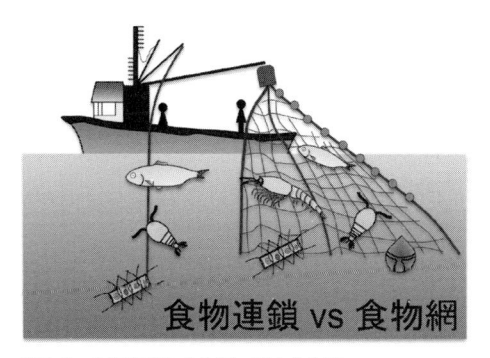

図7-4 食物連鎖と食物網の概念的な違い

費され,さらにこの捕食者が別のある1種の肉食性動物によって消費されるような場合,直線的な構造を強調するために連鎖という用語が適している.一方,ある1種の植物が複数の種類の植食性動物に消費される場合や,ある1種の肉食性動物が複数の種類の植食性動物を消費する場合,連鎖よりも複雑な構造を強調して網という用語が適している.

実際に自然生態系で,ある1種の生物がある別の1種の生物のみによって消費されることは極めて稀である.食物連鎖あるいは食物網という用語は,あくまでも生物群集の生物種間の関係あるいは組織化を表す概念として使われることに注意すべきである.

食物連鎖あるいは食物網の各**栄養段階（trophic level）**は,似た方法でエネルギーを獲得する生物グループからなる（7.3参照）.食物連鎖を通して物質とエネルギーが伝達される.生物を介した物質の循環は,それぞれの生態系の機能によって特徴付けられ,生態系の機能はその構造と密接に関連している.

海洋の一次生産者によって生産された有機物が,生態系のなかでどのように利用されるか,つまり食物連鎖の構造と機能を解明することは,生物海洋学,生物地球化学,水圏生態学,水産学などの多岐にわたる学問分野において重要な研究課題である.

すでに述べたように,海洋の主要な一次生産者は,肉眼では見えない植物プランクトンであり,それを直接利用する一次消費者もまた小さい.そのため,海洋生態系の概念は,低次栄養段階に位置するプランクトンを定量的に採集・

7.4 海洋生態系の概念の発達

観察するための技術と手法の開発と改良とともに発展してきた．なかでも微細なプランクトンの観察は，顕微鏡の登場なくしてはありえなかった．

　プランクトンが学術研究の対象となったのは1800年代に入ってからで，以来，様々な海域でプランクトンの定性的・定量的研究が展開されている．1900年代初頭には，珪藻や渦鞭毛藻などのいわゆる**大型植物プランクトン**（表7-1，microplanktonに相当）による一次生産が，カイアシ類などの**動物プランクトン**（表7-1，mesoplanktonおよびmacroplanktonに相当）によって消費され，さらに魚類によって消費されるという食物連鎖の概念が生まれた（図7-5）．これが後に**採食食物連鎖（grazing food chain）**と呼ばれる，海洋生態系の低次栄養段階の最初の概念である．

　採食食物連鎖の概念が広く認識された頃，すでに海水中に細菌が存在することは知られていた．しかし細菌の細胞数を直接計数する手法が存在しなかったために，海水を塗布した培地に形成される細菌コロニーの数から全菌数を推定していた．この方法で推定された全菌数は，実際に計数された全菌数よりも数桁も低い値となってしまう．つまり海洋細菌の生体量は著しく過小評価されており，その結果として生態系における細菌の役割も過小評価されていた．当時の海洋生態系の概念図に，細菌の記載がないのはそのためである．その後1970～1980年代に開発された手法によって，全菌数，細菌の炭素量，そして細菌の生産速度が測定できるようになった．

　さまざまな海域で得られたデータを比較検討した結果，多い所では一次生産の約30～50%に相当する有機物が細菌を経由することが明らかにされた．溶存態有機物は，植物プランクトンの光合成生産の一部（細胞外生産），ウィルス感染による細胞溶解，捕食活動などから生じる．そして溶存態有機物は通常細菌によってのみ利用される．つまり，主に植物プランクトンに起源をもつさまざまな溶存態有機物が相当な量で生じ，それが細菌によって取込まれ，その一部が菌体に変換され，さらに小型の捕食者（主に，鞭毛虫や繊毛虫などの原生動物）による捕食を通じて再び食物連鎖に取込まれていくという過程が明らかにされた（図7-5）．この一度は食物連鎖から「外れた」有機物（溶存態有機物）が，微生物によって再び食物連鎖に取込まれる過程を強調して**微生物環 (microbial loop)**と呼ばれる．

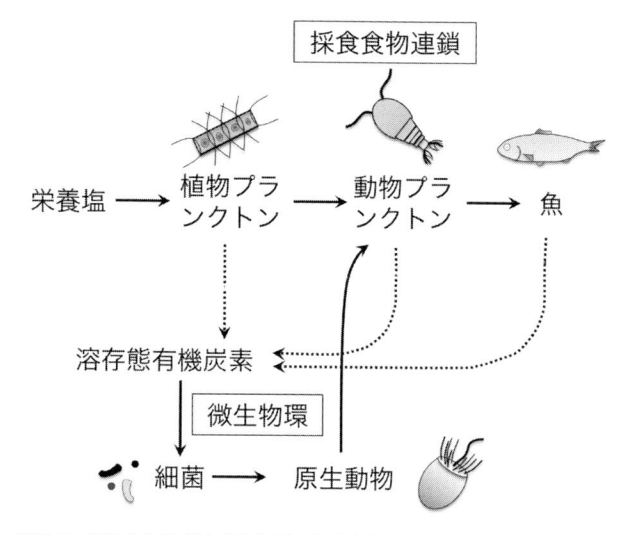

図7-5 採食食物連鎖と微生物環．採食食物連鎖は，大型の植物プランクトン（珪藻など）を起点とし，それを直接利用出来る動物プランクトン（カイアシ類などの後生動物）を経て魚へと，少ない栄養段階で物質とエネルギーが転送されることが特徴．各食物段階で生じる溶存態有機炭素は，細菌によって利用され再び粒状態有機炭素となる．しかし細菌は細胞サイズが通常 1 μm 以下と小さいため，ほとんどの動物プランクトンはこれを直接食べることが出来ない．原生動物は細胞サイズが約2〜200μmで，小型の原生動物は細菌を直接食べることが出来る．原生動物の細胞サイズは，大型の植物プランクトンの細胞サイズと重なる．つまり原生動物の一部は，動物プランクトンによって直接利用される．この一連の過程が微生物環と呼ばれる．細菌は，死骸やデトリタスなどの粒状態有機物を分解して無機栄養塩を再生する分解者としてだけでなく，溶存態有機物を粒状態有機物へと変換する生産者としての役割を果たしている

　また時期を重ねるようにして，細菌に匹敵するほど小さな植物プランクトン（ピコ植物プランクトン）が多数存在し，外洋域の一次生産の大半を占めていることが明らかにされた．最も小さな藍細菌 *Prochlorococcus* は細胞サイズが約0.5μm の原核生物で，主に熱帯・亜熱帯海域に分布する．他の藍細菌として，細胞サイズが1〜2μm の *Synechococcus* は，*Prochlorococcus* よりも広範囲に分布する．そして原生動物は，細菌と同様にピコ植物プランクトンも捕食することが明らかにされた．つまり，採食食物連鎖→溶存態有機物→細菌→原生動物→採食食物連鎖という連環というよりも，むしろ食物網の様相を呈

7.4 海洋生態系の概念の発達

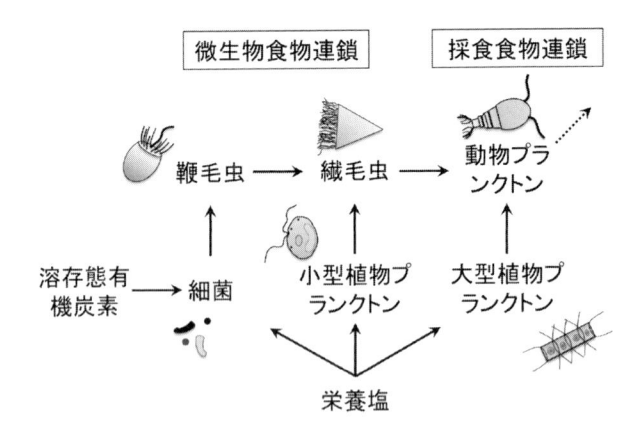

図7-6 微生物食物網の概念図．採食食物連鎖の起点となる大型植物プランクトンよりも細胞サイズの小さい植物プランクトンおよび細菌が起点となる．一般に鞭毛虫は，主要な細菌捕食者で，繊毛虫よりも細胞サイズが小さい．繊毛虫はもっぱら小型植物プランクトンと鞭毛虫を摂餌する．繊毛虫の細胞サイズは，大型植物プランクトンのそれと近いため，繊毛虫は動物プランクトンによって直接捕食される

することを示している（図7-6）．ここから**微生物食物網（microbial food web）**が提唱された．ようやく，細菌，植物プランクトン，原生動物，動物プランクトン，魚，クラゲ，クジラをつなぐ食物網の概念が出来上がったと言える．

海洋生態系の概念は，新たな生物（種，分布，生理活性，栄養様式など）の発見や新たな食う食われるの関係（生物間の物質とエネルギーの転送過程）の発見によって，修正・改良を受けながら発展してきた．また，今後も発展し続けるであろう．

COLUMN

ウィルス

ウィルスは，細胞が生きるために必要なエネルギーを生産するための代謝機構を持っておらず，宿主にウィルス遺伝子が進入して宿主細胞がウィルス遺伝子を複製することによって増殖できる．ウィルスは海水中にも多数存在し，陸上に棲息する生物と同じように，海に棲息する全て

の生物はウィルスに感染する可能性がある．海洋低次生産段階に着目すると，ウィルスは一次生産を担う植物プランクトン，そして一次生産のかなりの割合に相当する有機物が経由する細菌の動態に大きく関与していることが重要である．ウィルスが細胞内で大量に増加すると，細胞本来の生理機能が低下あるいは停止し，細胞膜の破壊が起こる（溶菌現象）．つまり宿主細胞は死滅し，宿主細胞内部で増殖したウィルス粒子は海水中に放出される．ウィルスの植物プランクトン感染および細菌感染は，植物プランクトンおよび細菌による粒状態有機物の生産を低下させて，溶存態有機物の生産へと導くことになる．その結果，生態系内の有機物の一部が捕食・被捕食系に組み込まれず，溶存態有機物−細菌−ウィルスの系に組み込まれて無機化されることになる．この連環による有機物の消費過程は，**ウィルス・ループ（viral loop）**と呼ばれる．

7.5. 海洋生態系の機能と構造

海洋生態系には，2つの大きな特徴がある．
1）食物段階を上がることによって有機物（餌）のサイズが順次大きくなっていく（図7-7）．

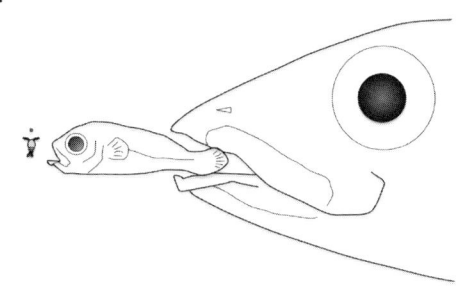

図7-7 食物連鎖を通じて有機物（生物）のサイズが増加する海洋生態系独特の機構．この図では，30μm の植物プランクトン（動物プランクトンの頭上の点），体長が3mm のカイアシ類（動物プランクトン），3cm の稚魚，30cm のマサバ成魚の頭部の一部を，その体サイズの比率で描いてある．一次生産者と上位の栄養段階にある動物の体サイズの違いがわかる．（谷口　1986より改変）
(谷口　旭（1986）海とプランクトン　浮游生物学概説2，海と生物，44：162-167)

7.5. 海洋生態系の機能と構造

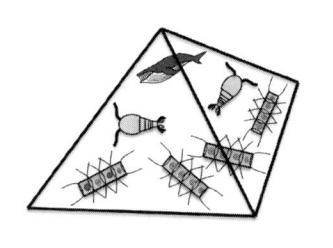

単位体積あたりの細胞（個体）の数と生体量

図7-8　海洋生態系では，サイズの小さい生物ほど単位体積あたりの細胞（個体）数は大きい．一方で，単位体積あたりの生体量は，生物のサイズによる大きな違いはない

2）原核生物（もっぱら1μm以下）を含むプランクトンから魚・イカ・クジラ（体長30mにも及ぶ）などのネクトンにいたる各栄養段階の総生体量[1]の間に大きな差がない[2]（図7-8）．

1つの個体（細胞）が，食物を取込み，それが消化され同化されて初めて個体の増量，つまり総生産が起こる．消化・吸収によって生じるエネルギーの一部は，個体の仕事（摂餌活動など）や呼吸として必ず体外に失われる．つまり各栄養段階を経るごとに有機物とエネルギーの一部は消失していく（図7-1）．異なる栄養段階の間でエネルギーが転送されるときの効率を**生態効率（ecological efficiency）**といい，ある栄養段階に存在するエネルギー量を，その栄養段階に供給されたエネルギー量で割り算した値と定義される．実際に生態効率を測定することは極めて難しいので，**転送効率（transfer efficiency）**の値をもって近似される．これはある栄養段階の年間生産（例えば炭素量換算）をその直下の栄養段階の年間生産で割った値と定義される．海洋生態系では，しばしばこの転送効率を10％と仮定して上位栄養段階の生物の生産性などが議論される．ただし実際には，転送効率は時空間的に変動する値であることに注意しなければならない．例えば，

1）4つの栄養段階を持つ生態系で，転送効率5％と10％の場合を想定す

---

[1] 生物の量は細胞数や個体数で表記される場合と，体積や重量（化学成分重量を含む）で表記される場合がある．後者を生体量あるいは**生物量（biomass）**という．
[2] サイズの小さい生物ほど，より高密度で存在し，その世代時間（寿命）は短い．逆に，サイズの大きい生物ほど，より低密度で存在し，その世代時間は長い．

る．第1栄養段階の生産量を1とすると，最終栄養段階に転送される量は，前者（0.05^4）で0.001％，後者（0.1^4）で0.01％となる．2倍の違いが10倍の違いとなる．

2）2つの生態系に同じ種類の魚が存在するが，第1栄養段階からこの魚までの栄養段階が，一方の生態系では3つ，もう一方では5つある場合を想定する．転送効率10％，第1栄養段階の生産量を1とすると，魚に転送される量は，前者（0.1^3）で0.1％，後者（0.1^5）で0.001％となる．2段階の違いが100倍の違いとなる．

これを先に紹介した海洋生態系の2つの食物連鎖（網）の概念を使って考えてみよう．採食食物連鎖は，構造が単純で栄養段階の数が少ないので，一次生産の比較的多くの部分が上位栄養段階（魚類など）へ転送される（図7-5）．微生物食物網は，構造が複雑で栄養段階の数が多いので，一次生産のわずかな部分が上位栄養段階へ転送される（図7-6）．

海洋表層の物理化学環境は時空間的に大きく変動する．それに応じて，生態系の構造も変動する．中高緯度海域では，栄養塩の枯渇した表層へ，冬季鉛直混合によって下層から栄養塩が供給される（図7-3と7-5参照）．日射量の増加および鉛直混合層の減少とともに，大型植物プランクトンが一時的に急激な大増殖を果たす（春季大増殖）．このような海域では，動物プランクトンの再生産サイクル（産卵期）や分布深度の季節変動は，餌となる植物プランクトンの変動とよく対応すると考えられている．魚の資源量の増減は，もっぱら仔稚魚期の生残率（初期減耗率）に依存する．よって，動物プランクトンを主要な餌とする仔稚魚の多くは，餌の生体量が季節極大なる時期と仔稚魚の発育段階が重なるような再生産サイクルを示す．

植物プランクトンの春季大増殖は，表層でカイアシ類などの動物プランクトンによって消費されるか，あるいは利用されずに沈降して中層および深層に棲息する生物によって利用される．前者は魚類生産を支え，後者は中層および深層への有機炭素移出に寄与すると考えられる．また海底地形や風の影響により定常的に下層から栄養塩が供給される海域（湧昇域）では，緯度に関係なく高い生物生産が定常的に維持される．これらの条件下では，採食食物連鎖が卓越する．そしてカイアシ類などを捕食できる動物プランクトン食性の魚，そして

7.5. 海洋生態系の機能と構造

魚食性の魚や軟体動物へと続く．ここでは，栄養段階の数が少ない生態系構造となり，最上位栄養段階へ転送される一次生産の割合は大きい．特に，一年中湧昇の起こるペルー沖や南極海の春季ブルーム期では，より大型の植物プランクトン（例えば，鎖状珪藻）が主要な一次生産者となる．ひとつひとつの細胞は小さいが，鎖でつながっているため，より大型の動物プランクトンや小型の魚がこれを直接利用することが出来る．ペルー沖では，大型珪藻からカタクチイワシを経てマグロへとつながる生態系構造が発達する．南極海では，大型珪藻から大型動物プランクトンの南極オキアミを経てヒゲクジラへとつながる生態系構造が発達する．いずれの生態系も，わずか3つの栄養段階で構成されることが特徴である．

一方，低緯度海域および夏季の中高緯度海域では水温躍層[3]が発達するため，下層からの栄養塩供給は起こりにくく，表層では栄養塩が枯渇し，生物生産は減少する（図7-3と7-6参照）．このような海が全海洋の約90％を占める．このような条件下では，より沈みにくくて栄養塩吸収効率の高い小型の植物プランクトンのほうが増殖に有利である．また低次栄養段階における細菌の生体量と生産量の占める割合が相対的に大きくなる．それらを直接摂食する小型の捕食者（微小鞭毛虫，繊毛虫など）によって，小型の植物プランクトンや細菌の生産がより高次の栄養段階へと転送される．そして微生物食物網の頂点にある繊毛虫などを捕食できる動物プランクトン，それを捕食する肉食性動物プランクトン，動物プランクトン食性の魚，そして魚食性の魚や軟体動物へと続く．小型の植物プランクトンの卓越する海域では，微生物食物網が卓越して，栄養段階の数の多い生態系構造となり，植物プランクトンによる一次生産の大半は微生物食物網内で循環する．言い換えると，一次生産のわずかな部分が最上位栄養段階へ転送される．

プランクトンは，一般に遊泳力に乏しい生物と定義される．しかし動物プランクトン（主に中型プランクトン以上のサイズ）のなかには，昼夜の鉛直移動（日周鉛直移動）や発育段階に応じて分布深度を変化させる（季節的鉛直移動）を行うグループが存在する．その鉛直移動距離は，数百mにおよぶ．表

---

3) 海表面が加熱されると，高温で密度の小さな水が，低温で密度の大きい水の上を層状におおうという，安定した鉛直構造ができる．このような海域では，鉛直方向に水温が急激に変化する層が存在し，この層を水温躍層という

層で生産された有機物は，動物プランクトンの移動によって広大な鉛直方向の空間スケールの物質とエネルギーの流れに組み込まれる．

　一部の海洋生物は，低緯度から高緯度海域にかけて大規模な回遊を行う．マグロ，カツオ，ニシン，イワシ，サンマ，イルカ，クジラなどである．プランクトンから始まる物質とエネルギーの流れがネクトンに達すると，その水平方向の空間スケールが非常に大きくなる．またこれらの回遊生物のサイズは大きいため，その死骸の沈降速度は大きい．つまり微生物に分解無機化されずに海底や深海に到達する有機物の割合が大きくなる．ネクトンを介した，物質とエネルギーの流れの鉛直方向の空間スケールもまた非常に大きい．

7.6 海洋生態系と二酸化炭素

　海の生物間の食う・食われるの関係は**生物炭素ポンプ（biological carbon pump）**と呼ばれる機能と深い関わりがある．すでに述べたように，海洋の有機炭素は主に植物プランクトンの光合成によって生産される．生産された有機炭素の多くは表層生態系内の栄養段階を経て酸化分解され，溶存態無機炭素として海水中に戻る．この分解再生は，外洋域では一次生産の90％以上が表層で起こると考えられている．分解再生を逃れた有機炭素の一部は，粒状物質として沈降していく．沈降過程で，細菌や動物プランクトン・ネクトンなどによって分解されて無機炭素となる．無機炭素となる深度が，表層の水と容易に撹拌されないくらい十分に大きい場合（深層），この炭素は大気・海洋表層の循環系から一時的に隔離されたと考えられる．海洋深層まで到達した炭素は，約2000年かけて世界中の海洋深層を移動して再び表層にあがってくるという海洋深層大循環に組み込まれる．このように，生物ポンプは，海洋生物の相互作用によって表層から深層へと炭素が運搬される様々なメカニズムの総称である．

　海洋は大気中の二酸化炭素の主要な吸収源である．一般に，海洋表層の数10mまでの深度まで風でよく撹拌される混合層があり，絶えず大気と気体交換が行われている．大気中の過剰な二酸化炭素は海水中に吸収される．生物ポンプの量をもっと増加させて，より多くの大気中の二酸化炭素を海水へ移動さ

7.6 海洋生態系と二酸化炭素

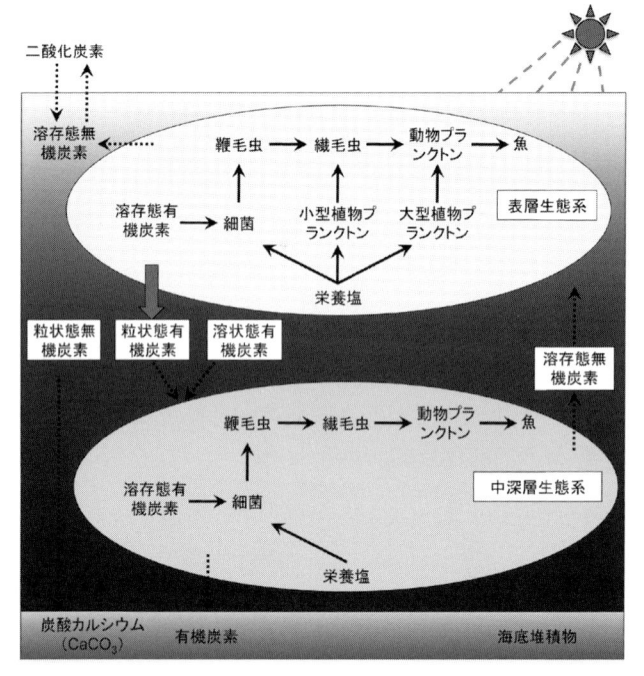

図7-9 生物炭素ポンプの概念図．生物炭素ポンプは，生物を介した様々な過程による炭素循環の総称で，地球規模の炭素循環において重要な役割を果たす．この生物過程には，表層での植物プランクトンによる無機炭素から有機炭素への変換，粒子の沈降・海水の混合・動物の鉛直移動などによる有機炭素の表層から中深層への転送などが含まれる

せれば良いと考える向きがあるが，過剰な二酸化炭素を海水に「溶かす」と化学反応によって海水中のpHが低下，つまり酸性化を引き起こすことを忘れてはいけない．吸収された二酸化炭素が海水中に長い期間とどまるかどうかは生物ポンプの機能が鍵となる．つまり表層生態系で，無機炭素が活発に有機炭素に変換されて大きい（重い）粒子になること，そして沈降粒子が，中層に棲息する生物によって分解無機化されないで深層まで到達することが必要である．

海洋中層は光の届かない世界だが，細菌，原生動物，動物プランクトン，軟体動物，魚類といった生物が棲息する（図7-9）．一部のクジラは中層まで潜行出来る．季節的な海水の鉛直混合，水平方向の海水の移動あるいは生物の鉛直移動によって，表層と中層との間で物質交換が盛んに起こっている．中層で

沈降粒子の大半が分解無機化されると，無機炭素は再び表層そして大気へと戻ってくる．本章では，これまでもっぱら海洋表層の生態系について説明してきたが，生物ポンプの機能を詳細に理解するためには，海洋中深層の生態系の構造と機能についての知見も欠かせない．しかし表層生態系に関する情報に比べると，中深層生態系に関する情報は非常に限られているのが現状である．現在，国際レベルで，中深層生態系の構造と機能および物質循環の関係を明らかにする必要があるという共通認識のもと，様々な研究プロジェクトを立ち上げようとする動きがある．

7.7 海洋生態系をもっと学びたい，研究したい人たちへ

小学校の授業で「人」という漢字を習ったとき，「人という字は二人の人が互いに支え合っている形をあらわしていて，だから人同士は助け合わなければならない」という話を聞いたかもしれない．実は，「人」という字の古い形である甲骨文を見る限り，二人の人が互いに支え合っている形にはなっていない．上の話は，子供たちに無用な争いをせず，助け合って生きていくことを教えるための方便として使われているらしい．しかし，「人」を含めたすべての生物が，たった1細胞あるいは1個体で生命を維持していくことは不可能である．海に棲む生物同士が「助け合う」かどうか別にして，生物個体は他の生物個体との相互関係を経ながら，そして彼らを取り巻く海水という環境の影響を受けながらその生命を維持・進化させてきた．私たちが海から受ける恩恵は，海洋生態系内で，ウィルスからクジラまで物質とエネルギーが様々な時空間スケールでめぐることの産物なのである．

本章の冒頭に例として挙げた，近年の海洋環境あるいは海洋生態系の変化は，外的要因によって海洋生態系の構造と機能―物質循環とエネルギーの流れ―が著しく変化した結果である．しかし生態系はそれ自体が生物間や生物と環境との間の複雑な相互作用の上に成り立っているため，未解明な部分が少なくない．言い換えると，海洋生態系は，社会的な関心の高まりとともに，今後飛躍的な発展の可能性を秘めた研究分野である．

学術研究の対象としての海洋生態系は，まさに学際研究分野の典型と言える．

7.7 海洋生態系をもっと学びたい，研究したい人たちへ

例えば，生物海洋学，浮遊生物学，生物地球化学，海洋微生物学，分子生物学，分類学，動物行動学，海洋物理学，海洋化学，数理生態学，海洋光学，水産学といった多岐にわたる研究分野の専門家が，海洋生態系の構造と機能を解明するために研究に取組んでいる．海洋生態系を研究するためのアプローチは多様なのだ．大きな山に登るのと同じように，目指す頂は同じでも，ルートの選び方や登り方は登る人の数だけある．海洋生態系の研究に興味のある若い人には，大学の科学系教養課程で基礎を固めてから，興味のある関連研究分野に飛び込んで行ってくれることを期待したい．

参考文献

「海とプランクトン」（海洋と生物43-64巻連載）谷口旭，生物研究社，1986–1989.

「生物海洋学−低次食段階論」西澤敏　編、恒星社厚生閣，1989.

「海と地球環境　海洋学の最前線」日本海洋学会編、東京大学出版会，1991.

「地球温暖化と海　炭素の循環から探る」野崎義行著、東京大学出版会，1994.

「海洋生命系のダイナミクス第3巻　海洋生物の連鎖−生命は海でどう連環しているか？」木暮一啓編，東海大学出版会，2006.

第8章 観測船はめぐる

8.1 はじめに

　海洋では，水温，塩分，流れ，種々の生物の量や化学物質の濃度は空間的に大きく変化し，また時間的にも絶えず変動を繰り返している．それらの分布と変動の実態を定量的に調べることを海洋観測という．海洋観測は，以前には，主として専用の観測機材を装備した海洋観測船を用いておこなわれていたが，近年では，第10章に述べる人工衛星リモートセンシングの他，海中に係留した機器による長期連続係留観測や，海中を上下する自働昇降式漂流ブイを用いた観測も盛んにおこなわれている．

8.1.1 海洋観測とは

　海洋中における水温，塩分，流れ，種々の生物や化学物質の分布とその時間変動の実態を定量的に調べることを海洋観測という．ここで，「定量的に調べる」とは，基準があいまいな，例えば水温について「暖かい／冷たい」という定性的な記述ではなくて，具体的な定義に基づいて「20℃」という数値を測定誤差を含めて得ることをいう．なお，狭義には，船舶を用いた現場観測のみを海洋観測と呼ぶが，ここでは，船舶に留まらず，係留系や漂流ブイ，人工衛星，他を用いて海面や海洋中の水温などを観測することや，海洋に生息している生物の観察，海底の地質形態や海底下の地殻構造の調査，海上気象観測，洋上における超高層気象観測などを含んだ広義の定義を採用する．

　海洋観測をおこなう環境は，以下に述べるように，陸上や宇宙に比べて大きく異なる．

　1）海面にはほとんど常に波浪あるいはウネリがあり，絶えず上下に動いている．

　2）海洋深層は高圧である．深度5000mでは500気圧に達する．

8.1 はじめに

3）海水は良導電体である．このため，海中では電磁波の減衰が大きく，陸上や宇宙で遠隔情報伝達に使われている電波を使うことができない．また，異なる種類の金属の接触面では電気腐蝕が早い速度で進行する．

このため，船による海洋観測では専用の観測機材を装備した海洋観測船と，耐圧機能を有し，電気腐蝕防止策を講じた観測機器が用いられる．また，水深測定や水中での情報伝達には超音波が用いられる．しかし，巡航速度が時速30km程度の通常の観測船では，広い海域を観測するのには長い時間を要する．また，強風下では海は大時化となり，船舶による観測は不可能となる．このような船による海洋観測の障害を克服するために，精密電子技術開発や水中音響工学研究の成果を利用して，人工衛星リモートセンシング技術や海中に係留した機器による長期連続係留観測技術，海中を上下する自動昇降式漂流ブイなどが開発された．しかし，これらの技術には欠点もある．人工衛星リモートセンシングでは広域同時観測が可能だが海面の情報しか測定できない．係留観測では細かい時間間隔での繰り返し観測が可能であるが，空間的に隣接した多数の点での同時観測には膨大な経費が必要である．また，流れによって移動する漂流ブイは強流域に長期間とどまることはできない．このため，これらの新たな海洋観測技術が発達したにせよ，海洋観測における観測船の重要性に変わりはない．

なお，種々の生物や化学物質の分布とその時間変動の観測においても，水温と塩分の観測が不可欠である．それは，以下の理由による．

1）海水の密度は，塩分が高いほど，また水温が低いほど大きい．海水は密度成層しており，海水は等密度面上を移動する傾向にある．このため，水温，塩分，流速，種々の物質の濃度は深度によって異なる．

2）海中での水圧と海面気圧との差は深度が10m増す毎に約1気圧増加する．単位深さあたりの圧力の増加量は海水密度に依存する．このため，一般に等圧面は水平ではない（等深度面上で水圧は異なる）．海水の大規模な運動は地球自転の影響を受ける．このため，北半球では高圧部あるいは高温部を直角右手側に見る向きに海水は流れる（地衡流…3章参照）．

海洋観測の歴史において，水温と塩分の分布をいかに効率良く観測するかが大きな課題であった．観測された水温と塩分から国際海水状態方程式（水温・塩分・水圧と海水密度の関係を国際的に定めた式）によって海水密度が求められる．この海水密度の分布から等圧面上での力学深度分布（等深度面上での圧力分布）が得られ，この力学深度分布から近似的に地衡流の流れを推定できるからである．なお，現在では，種々の流速計によって流速を直接測定することも可能となっている．

8.1.2 観測誤差

海洋における，水温，塩分，溶存化学物質，生物，海底地質・堆積物，流速などの分布（空間的変化）とその変動（時間的変化）には，以下のような特性がある．

1）絶えず変動を繰り返しており，特に，潮汐周期変動成分と季節変動成分が卓越している．その他に，周期が50日から200日程度の中規模渦の伝播にともなう変動成分や数年から数10年以上の長い周期の変動成分を有している．また，これらの種々の変動周期成分は互いに作用し合っている．

2）代表的な海盆規模（数千km）の他に，さまざまな空間規模を持っている．例えば，表層プランクトンや浮魚類は水平規模が数10mから数100mのパッチ状に分布する．海洋前線では水温・塩分が数mから数kmの間で急変する．直径が数100kmである中規模渦が外洋の至る所にある．また，世界の海はつながっており，沿岸の海況変動は，その沖合の海況変動と関連している．

3）海洋は，空間的に有限な境界（海面，陸岸，海底）に囲まれており，これらの境界を通した，物質，熱，運動量，エネルギーの交換量の分布とその変動に応答して，海中の水温，物質濃度，流れの分布は変動する．各境界から海洋に入った物質や熱は流れによって海水とともに移動し，周囲と混合しながら海洋中に広がる．

この海洋の特性のため，異なる時刻に別の場所で得た観測結果には，境界での交換量の変化や測定対象の空間的，時間的な変化の双方の影響が必然的に混

在している．また，例えば 1 日間隔の定点観測の結果には，周期 1 日以下の潮汐周期変動成分が混入する．このような観測対象の基本的特性に起因する誤差を実験誤差と呼ぶ．この実験誤差を含まない分布を得るためには，同時に多数の点で観測をおこなう必要がある．しかし，このようなことを広大な海洋でおこなうのは極めて難しい．このため，異なる時刻・場所で得た多数の観測結果から，その分布を説明する力学機構とできるだけ矛盾のない分布とその変動を導き出す「データ同化」数値モデルが開発されている．

　観測結果には，上に述べた実験誤差の他に，観測に用いた装置の測定原理に起因する系統誤差（真値との差の平均がゼロではないという形で現れる）と偶然誤差（まったく同じ条件下で繰り返し測定した時に，毎回，異なる測定結果となる誤差）がある．偶然誤差は測定を多数回繰り返し，それらの測定値を平均することで取り除かれる．系統誤差は別の測定原理の測定装置による測定結果と比較・更正することで取り除かれる．種々の測定機器を用いた観測で得られた資料を，広く，観測機関・国境・世代を超えて共有し，比較解析するために，観測資料にはこれらの誤差についての記述が不可欠である．

8.2 海洋観測の種類と意義

8.2.1 海洋観測の種類

　海洋観測は，目的別に，以下の 3 つに大きく分類される．
　1）海洋についての未知の情報を得ることを目的とする「探検的観測」
　2）理論的研究から推定された要素を測定してモデルを検証することを目的とする「実験的観測」
　3）国民生活の安全と維持・発展のために海洋の現況を把握することを目的とする「監視観測」

　長い探検的観測の時代を経て，現在では，実験的観測と監視観測が主としておこなわれている．ただし，数10年に渡って継続された監視観測の結果は長期変動の実測値として科学的研究にも利用される．このため，観測を実験的観

測と監視観測に明確に分離することはできない．

海洋観測は，その目的により，
・観測プラットホーム（観測機器を移動または固定する装置．例：観測船，係留系，人工衛星，漂流ブイ），
・観測項目（例：水温，流速），
・使用する観測機器（例：水温計，塩分計，圧力計，流速計，採水器），
・測定する場所（例：深海，沿岸，河口域），
・観測期間（例：長期連続，定期，短期集中）

などが異なる．それらに対応して，海洋観測は，上に挙げた目的別分類のほかに，観測プラットホーム別（例：船舶観測，係留観測），観測項目別（例：水温観測，流速観測），他に分類される場合もある．

8.2.2 海洋の科学的研究における観測の意義

海洋の変動現象の予測を最終目標とする海洋の科学的研究の手法は，他の近代自然科学の手法と同じく，理論と観測・実験とを結合させたものである．図8-1にその概念図を示す．

海洋の一般的な科学的研究では，まず最初に，注目している海洋現象を定量的に捉えるために観測を行う．次に，この観測結果およびそれと関連する観測

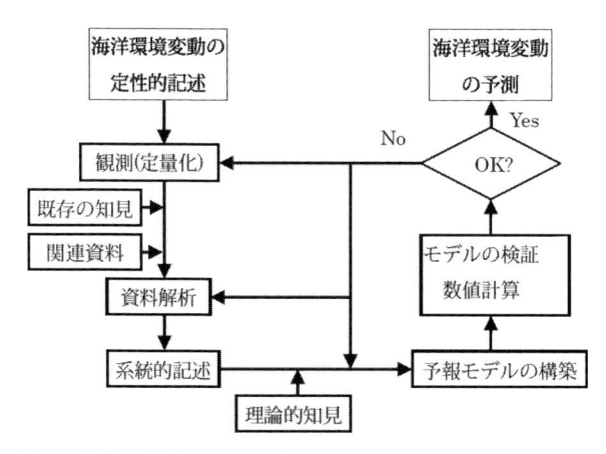

図8-1 海洋の科学的研究手法の概念図

資料を解析して，研究対象について他の種々の要因との関連性をできるだけ簡潔に結び付ける系統的な記述を確立する．さらに，その系統的記述を説明し，新たに測定可能な要素を提示するモデル（作業仮説，理論）を作成する．このモデルの検証は，そのモデルが提示した要素を新たな観測で確認できるか否か，あるいはそのモデルを基に作成した数値モデルが現象を再現できるか否かを調べることによっておこなわれる．この検証の結果，採用したモデルが不十分であることが判明した場合には，モデルの改良・修正を現象の観測結果を十分に高い精度で再現できるまで繰り返しておこなう．このように，海洋の科学的研究では，系統的記述の確立やモデルの構築・検証において，観測資料は不可欠である．

　海洋の変動についての数値計算研究においては，数値予測モデル計算の開始時の条件（初期条件）あるいは変動を引き起こす外力（境界条件）として，海上気象や海況について観測資料が必要である．なお，過去の変動を高い精度で再現することが可能なモデルが完成しても，このモデルが今後の地球温暖化の影響下でも適用可能なのか否かを検証するために，監視観測の継続が必要である．また，新たな海洋観測技術の開発・普及によって，海洋の新たな現象（例えば，水温微細構造）が発見され，その現象についての新たな研究が発展した例も多い．このように，すべての海洋の科学的研究は，観測から始まるといえる．

8.2.3 社会のための海洋観測

　以下に示すように，市民生活に直接・間接的に重大な影響を及ぼしている海洋の状況を監視・予測するために種々の観測がおこなわれている．

　1）暴風雨をともなう台風や低気圧は，海洋から大気に供給される熱量と水蒸気量によって海上で発達する．また，太平洋赤道域東部の海面水温偏差が異常に高くなるエル・ニーニョ現象は，世界各地に異常気象をもたらす．気象予報に必要な，海面水温，気温，湿度，風向・風速，海洋表層混合層厚などの海洋観測が観測船，篤志船（貨物船，フェリーボート），人工衛星などによっておこなわれている．

　2）船舶の燃料消費量は，波浪状況や黒潮などの海流の影響を大きく受ける．

流れの向きと逆向きに風が吹くときに波浪は特に大きく発達する．また，船舶航行の障害になる氷山・流氷・流木などは海流，潮汐流と海上風の影響を大きく受けながら漂流する．海上風，波浪，海流，潮汐流を高い精度で予測して，安全で経済的に最適な航路を選択するのに必要な資料を得るために海洋観測がおこなわれている．

　3）漁海況予測などによって水産業を持続的に発展させるために，有用資源生物の資源量の変動にかかわる卵・稚魚・仔魚・成魚および餌生物の現存量と，その変動にかかわる水温，塩分などの観測がおこなわれている．

　4）水産養殖場や沿岸漁場の環境を保全するために，生活排水や産業排液などによる海洋汚染水の分布や赤潮の発生状況，発電所からの温排水の広がり方などを監視する観測がおこなわれている．

　5）周囲を海に囲まれた日本では，海浜域は国民の重要なリクリエーションの場である．水難事故防止，海岸浸食対策，干潟環境保全などのために，津波，高潮，異常潮位，潮汐，潮汐流，副振動，波浪，漂砂，離岸流，海底地形変化などを監視する観測がおこなわれている．

　6）海底電線の敷設・維持・管理，海底油田・ガス田の開発・管理，海底地下資源の開発利用や潜水艇の安全航行のために，精密音波地形探査や地磁気異常，重力異常，底層流，海底火山活動，海底地震活動，などの観測や海底試験掘削がおこなわれている．

　7）精密音波地形探査や潜水艇の探知と海中作業のための位置決定などに必要な音波の精密な海中伝播経路や音速分布をもとめるために水温分布観測がおこなわれている．

　市民生活に直接・間接的に重大な影響を及ぼしている海洋についての科学的研究のための実験的観測は，わが国では，主として独立行政法人海洋研究開発機構，独立行政法人水産総合研究センターなどの研究機関の所属調査船，水産系大学の付属練習船や関係機関の観測施設・装置（係留系，定置・漂流ブイ）などによっておこなわれている．また，監視観測は，主として，気象庁，海上保安庁，水産庁，各都道府県関係機関の所属船舶によっておこなわれている．
　観測船，一般船舶，定置・漂流ブイ等による海洋観測データは，世界気象機

構（WMO）の**世界気象監視計画（World Weather Watch, WWW）**の一つである**全球気象通信システム（Global Telecommunication System, GTS）**により国際的に交換され，気象予報業務に利用されている．また，世界各地に設置された津波計のデータはリアルタイムで陸上に転送され，気象庁やアメリカの太平洋津波警報センターほかでの津波予報に利用されている．海洋の長期変動にかかわる研究には，長期の監視観測で蓄積された資料が利用される．

　海洋は絶えず変動を繰り返している．周期が10年程度の長期変動の予測モデルを検証するためには，30年間以上の長期間の観測資料が必要である．現在の海洋の状況を観測・記録することができるのは，今に生きる私たちだけである．私たちは，次世代の人々のために，出来るだけ正確な観測資料を残す責務がある．

8.3 海洋観測の歴史

8.3.1 探検的観測の時代（1850〜1940年代まで）

　航海の安全に影響を及ぼす水深を測る行為（測深）と流れを測る行為（測流）のような航海のみにかかわる項目の観測（水路観測）の長い時代を経て，19世紀にようやく科学的海洋観測の時代が始まった．近代海洋学の始祖とされているアメリカの海軍中尉モーリー（Matthew Fontaine Maury）は19世紀半ばに，航海日誌を情報源として，北大西洋の海流データの組織的な収集を始めた．その後の1970年代までの約100年間の海洋観測では船が主として用いられていた．

　「種の起源」の著者ダーウィン（Charles Robert Darwin）がその航海中に多くのことを学んだイギリス海軍測量船ビーグル号の世界一周探検航海がおこなわれたのは1831年から1836年であった．アメリカ海軍の軍人ペリー（Matthew Calbraith Perry）は1854年に日本再訪問した際に黒潮を含む日本近海の科学的海洋観測をおこなっている．1872〜1876年のイギリス軍艦チャレンジャー号の世界一周探検航海では，生物採集を主とした総合科学的な海洋観測が初めておこなわれた．ノルウェーの探検家で政治家のナンセン

(Fridtjof Nansen) は，北極探検船フラム号で1893〜1896年に北極海を氷とともに漂流しながら，海氷の流れ方などについての観測をおこなった．1925〜1927年には，ドイツ軍艦メテオール（1世）が大西洋で，はじめて組織的な海洋観測をおこない，海洋物理学的なデータを収集した．

8.3.2 世界共同観測の時代（1950〜1970年代）

1957年に，**国際科学会議（International Council for Science, ICSU）**により，1957〜1958年の**国際地球観測年事業（International Geophysical Year, IGY）**の海洋関係の観測や研究を推進するための学際的機関として，**海洋科学研究委員会（Scientific Committee on Oceanic Research, SCOR）**が創設された．また，1960年には，国連教育科学文化機関（UNESCO）の下に**政府間海洋学委員会（Intergovernmental Oceanographic Commission, IOC）**が設立され，各国は，1962〜1964年の国際インド洋共同観測ほかで，共同して複数の船舶を動員する大がかりな国際共同観測を盛んにおこなった．

1970年代には，初めての大規模な実験的海洋観測として，海洋中規模渦についての一連の組織的観測（POLYGON, MODE, POLYMODE）が大西洋でおこなわれた．また，1974年には世界大気研究計画（Global Atmosphere Research Program, GARP）の一環として実施された太平洋熱帯域実験（GARP Atlantic Tropic Experiment, GATE）において海洋観測も行なわれた．

8.3.3 実験的観測の時代（1980，1990年代）

1980年代に入ると，それまでの主として観測船を利用した観測に加えて，定置ブイや人工衛星リモートセンシングの新しい技術を利用した大規模な実験的観測が国際共同研究計画の下で盛んにおこなわれるようになった．

1980年には**世界気候研究計画（World Climate Research Program, WCRP）**が始まり，ENSO（エル・ニーニョ／南方振動）の解明を中心課題とする**熱帯海洋全球大気計画（Tropical Ocean Global Atmosphere, TOGA）**や，海洋の大循環に着目した**世界海洋循環実験計画（World Ocean Circulation Experiment, WOCE）**を推進した．1985〜1994年

のTOGAでは，太平洋熱帯域に海面係留ブイ観測網が展開された．また，1990～2002年のWOCEでは，約20カ国が参加して，太平洋，大西洋，インド洋の各大洋の東西あるいは南北両岸を結ぶ観測線で海底までの水温，塩分，化学トレーサーの分布の観測などがおこなわれた．

1980年代より表層漂流ブイ（ARGOSブイ）を**人工衛星追跡監視システムARGOS**で追跡する表層流速観測が盛んに行われるようになった．これは，抵抗体（長さ：約9m，中央深度：15m）を有する表層漂流ブイの移動経路を人工衛星で追跡し，流れを観測するものである．1992年には，**米国航空宇宙局 (National Aeronautics and Space Administration, NASA)** と**フランス国立宇宙研究センター（Centre National d'Etudes Spatiales, CNES)** によって，人工衛星による海面高度分布の観測が始められた．これにより，全海洋の表層流速の変動成分を10日ごとに得ることができるようになった．

生物地球化学分野の研究では，**地球圏-生命圏国際協同研究計画 (International Geosphere-Biosphere Programme, IGBP)** が1990年から開始された．また，海底地質学・地球物理学分野の研究では，1968年から国際深海掘削計画が始まり，その後の**国際深海掘削計画（Ocean Drilling Program, ODP)** を挟んで，2003年からは，**統合国際深海掘削計画 (Integrated Ocean Drilling Program, IODP)** で，日本の地球深部探査船「ちきゅう」ほかの複数の掘削船による深海掘削観測がおこなわれている．

8.3.4 世界規模での監視観測の時代（2000年～）

1992年の地球サミットにおいて，IOCは**世界海洋観測システム（Global Ocean Observing System, GOOS)** を構築することを宣言した．GOOSは，既存の海洋観測システムの利用・改善を通じて，海洋に関する科学的なデータおよび成果物を長期にわたり収集し，広く社会に提供して持続可能な発展に資することを目的とした計画である．1998年にはUNESCO，WMO，国連環境計画（UNEP）とICSUが共同出資した運営委員会が科学技術計画を策定している．GOOSでは，既存の観測システムを活用するとともに，海洋予測の研究開発，そのために新たな観測システムの構築がおこなわれている．その一環として，**世界海洋データ同化実験（Global Ocean Data**

Assimilation Experiment, GODAE) などが推進された．

1995年には**気候変動性・予測可能性研究計画（Climate Variability and Predictability Program, CLIVAR）**が開始され，2013年までの予定で，WOCE で得られた大陸間横断観測結果の10年後の変化を観測している．2000年には，海洋の大規模空間スケールにおける水塊特性や海流の分布や季節から数年規模の時間変動を得る目的で自働昇降式漂流ブイ（アルゴ・フロート）を世界中の海で放流する ARGO 計画が開始され，2008年には放流中のブイの総数が3000個に達した．

2005年の IOC で，GOOS は，今後，**全球地球観測システム（Global Earth Observation System of Systems, GEOSS）**の海洋関係分野について貢献していくことが決められた．GEOSS とは，既存および将来の人工衛星や地上観測などの多様な観測システムが連携した，世界全域を対象とした包括的な地球観測システムである．

8.4 観測機器

8.4.1 水温・塩分・採水

1970年代までの海面下の水温，塩分の観測には，1910年に**ナンセン (Fridtjof Nansen)** が発明した円筒形の金属製転倒採水器（ナンセン採水器）が用いられていた．1970年代には，**電気伝導度・水温・深度測定装置 (Conductivity, Temperature, Depth meter, CTD)** が開発された．現在，広く使用されている CTD は，電線を内蔵したケーブルを用いて電気伝導度，水温，水圧センサーを装着した水中局を毎秒1ｍ程度の速度で海中を降下させることによって最大6400ｍまでの水温と塩分の鉛直分布の観測をおこなう装置である．CTD 水中局の測定値から，国際的に定められた実験式に基づいて実用塩分が計算される．

塩分検定用海水や海水中の溶存酸素量，栄養塩，葉緑素などを分析するための試料海水の採取には，CTD 水中局とともに海中を上昇させている途中に，船上から電気信号を送って，所定の深度の海水を採取するカローセル多筒採水

8.4 観測機器

器（Carousel Multi-bottle Sampler, CMS）が用いられる．代表的な CMS は，塩化ビニール製で容量が12リットルのニスキン型採水器を36本装着している．

1940年頃からの表層200mまでの水温鉛直微細分布の観測は，スピルハウス（Athelstan Spilhaus）が開発した**自記水温水深計（Bathythermograph, BT）**を船上から水中に吊り下げることによっておこなわれるようになった．1970年代には，**投下式水温深度計（Expendable Bathythermograph, XBT）**により，船の航走中の数分間に深度500mまでの水温を測定することが可能となった．現在では，1000mまでの水温・塩分が測定可能な**投下式水温塩分深度計（Expendable CTD, XCTD）**が広く使用されている．

8.4.2 流速

1970年代までの流速の観測は，主として，1905年に完成したエクマン・メルツ流速計を船上から水中につるしておこなわれていた．1950年代には長さ60mの電線を曳航して表層の流速を測定する**地球電磁気海流計 (Geomagnetic Electrokinetograph, GEK)**が考案された．1980年代以降は，精密電子技術の発達および電池性能の向上により，流速・流向を電気信号として取り扱って記録する流速計が開発され，係留系に固定して，1時間間隔で1年間の流速変動を連続観測することが可能となった．また，電磁流速計や超音波流速計が開発され，4秒以下の非常に短い時間間隔で流向・流速を連続測定できるようになった．音響ドップラー効果を利用して，同時に100層以上の深度での流向・流速を測定することが可能な**水中音響ドップラー多層流向流速計（Acoustic Doppler Current Profiler, ADCP）**も開発された．現在では，ADCPを船底に装備した船底設置型ADCPにより，任意の場所で1000mまで流速の測定が可能となっている．また，CTD水中局とともに海底付近まで降下しながら流速を測定する**吊下型ADCP（Lowered ADCP, LADCP）**によって6000m以上の海底付近までの流速の測定も可能になっている．

8.4.3 生物

表層における浮遊生物，卵，稚魚，仔魚の採集は，採集対象の大きさに合わ

せた網目の採集ネット（プランクトンネット，ボンゴネットなど）をワイヤの先端に取り付け，所定の長さまで繰り出したあとに30分から1時間の間，低速で曳網する「水平曳き」によって行なわれる．曳航するネットの開口部に流量計を取り付け，採集した試料の量を単位容積あたりの量に換算し，海水中の浮遊生物の分布密度を定量的に測定する．他方，長時間継続して航走中の船舶による表層のプランクトンの連続収集にはプランクトンレコーダが用いられる．また，上層のプランクトン量の情報収集が科学魚群探知機（多周波水中音響信号反射強度を深度別に測定・記録する装置）や船舶搭載型 ADCP による音波散乱強度の測定によっておこなわれている．

　微小浮遊生物や微小粒状物の鉛直分布の測定には，大容量のニスキン型採水器やバンドーン型採水器が用いられる．また，浮遊生物や卵，稚魚，仔魚の鉛直分布の測定は，ワイヤの先端に取り付けた生物採集用ネットを所定の深度まで降下させたあとに巻き上げる「鉛直曳き」によっておこなわれる．近年では，電気信号で開閉が可能な複数のネットを装着した多段式ネットが普及している．

8.4.4 海底地質・地形調査

　海底上の岩石や化石などの採集は，円筒型ドレッジや底引網を曳航して行なわれる．また，海底の堆積物の採取にはスミス＝マッキンタイア採泥器や種々の柱状採泥器（コアラー）が使用される．大型のピストンコアラーは海底下 10 m 以上の堆積物を，層重構造を乱すことなく採集することができる．近年では，深海掘削船や潜水艇による観察や採集もおこなわれている．

　精密海底地形探査には，船底から規則的に発振する音波の反射波を多チャンネル受波器で受信するマルチナロービーム測深機が用いられる．反射法地震探査では，高圧空気を瞬間的に放出するエアガンや反射音を受信するハイドロホン（水中マイクロホン）の入っているストリーマーケーブルを曳航して，地殻構造の観測をおこなう．地殻構造を反映している重力や地磁気の測定には，船上重力計や船上磁力計が用いられる．

8.4 観測機器

COLUMN

観測機器はどんな形？

自動昇降式漂流ブイ：水面下の予め選定した深度を漂い，一定の時間経過後に海面に浮上して人工衛星を介して位置情報を送信した後，再度，所定の深度まで沈降して漂流することを繰り返すことによって，水中の所定深度の流速を測定するブイ．搭載したセンサーで浮上中に圧力とともに測定した水温・塩分などのデータを人工衛星経由で陸上に送信するアルゴフロートを全世界の海洋に展開することにより，深度が2000mまでの海洋の刻々と変化する状況をリアルタイムで観測するARGOアルゴ計画が実施されている（図8-2）．

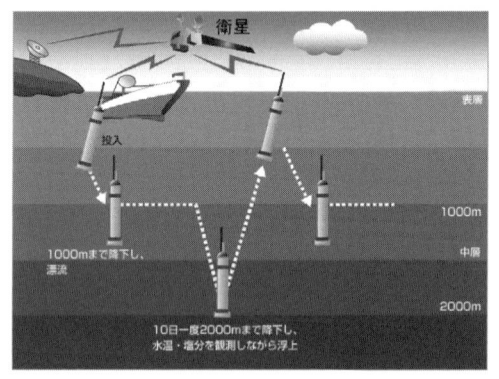

図8-2　自動昇降式漂流ブイ（提供：独立行政法人海洋研究開発機構）

中・深層係留系：海底のおもりにつながるロープを上部の浮力体で上方に強く引っ張り，このロープの途中につけた記録内蔵式係留機器で海中の流速、水温、塩分などを連続的に測定する。後日、船から水中音響切離装置に音響信号を送信して、海底のおもりとロープとを切り離して、機器を回収する（図8-3）。

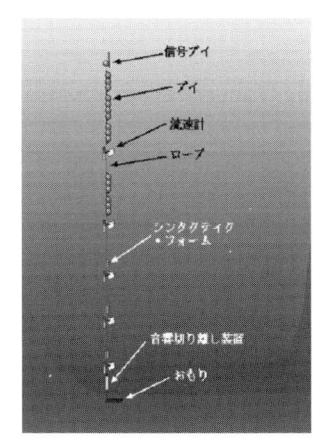

図8-3 中深層係留系

　船底設置型 ADCP: プランクトンや小さな粒子は海水と一緒に流れている。ADCP から発射された音響パルスはプランクトンや小さな粒子からドップラー効果を受けながら反射する。船底設置型 ADCP は、船の底に設置した４個の送受波器で音響パルスの発信とその反射信号の受信を行うことにより、航走する船の直下の深度1000m までの約100層での対船流速を数秒間隔で測定し、GPS による対地船速と合成して、対地流速を測定する装置である（図8-4）。

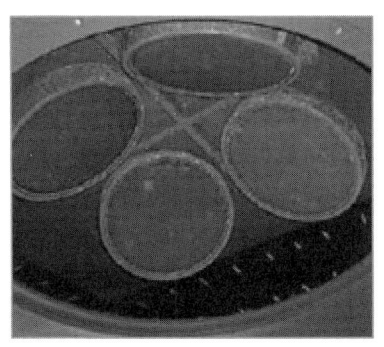

図8-4　船底設置型 ADCP（提供：独立行政法人海洋研究開発機構）

参考文献

※ここで詳しく説明されていない各観測手法や機器の詳細については，以下に示す参考図書を参照されたい．

「海洋観測」市川洋，ブリタニカ・オンライン・ジャパン
http://britannica.co.jp/online/bolj/index.html, 2009
「黒潮」茶圓正明・市川洋，かごしま文庫，第71巻，春苑堂出版，2001
「海洋観測物語 – その技術と変遷 – 」中井俊介，成山堂書店，1999
「海洋観測入門」柳哲雄，恒星社厚生閣，2002

なお，以下の気象庁と海上保安庁のウェブサイトで種々の海洋観測資料を閲覧することができる．

気象庁「海洋の健康診断表（海洋の総合情報）」
http://www.data.kishou.go.jp/kaiyou/shindan/index.html
海上保安庁海洋情報部「海洋速報 & 海流推測図」
http://www1.kaiho.mlit.go.jp/KANKYO/KAIYO/qboc/index.html

第9章 資源はめぐる

9.1 はじめに

　私たちの利用するエネルギーは，持続可能な利用の観点から，**再生可能エネルギー**と**枯渇性エネルギー**に分けることができる．再生可能エネルギーは，私たちの生きる時間スケールでみた場合，利用しても減少することのないエネルギーのことを指す．発電に利用される水力，太陽光，風力，地熱，波力，潮汐，水温（温度差）などが代表的である．特に海洋と関わりが深いエネルギー利用には波力，潮汐あるいは温度差による発電がある．

　再生可能エネルギーは，水力を除けば，現在利用しているエネルギーのなかではごく小さな割合を占めるに過ぎない（図9-1）．しかし近年，発電量の増加はめざましく，1992年から2006年にかけて約2.7倍になっている（図9-2）．こうした増加の背景には政治的誘導がある．例えばドイツの再生可能エネルギー法（2000年施行）やスウェーデンの緑の認証電気制度（2003年導入）などである（渡邉，2005；NEDO，2003）．わが国でも2008年に新エネルギー利用等の促進に関する特別措置法が改正され，バイオマス，太陽熱，温度差エネルギー，雪氷熱，地熱，風力，水力および太陽光など，再生可能エネルギーの利用が促されるようになった．[1]

```
           ┌─────海洋エネルギー/資源─────┐
           │ ┌再生可能エネルギー┐ ┌枯渇性エネルギー┐│
           │ │ 波力            │ │ 石油石炭       ││
           │ │ 潮力            │ │ 天然ガス       ││
           │ │ 水温（温度差）  │ │ マンガン団塊   ││
           │ │                 │ │ コバルトリッチクラスト ││
           │ │                 │ │ 海底熱水鉱床   ││
           │ └─────────────────┘ └────────────────┘│
           └──────────────────────────────────────┘
```

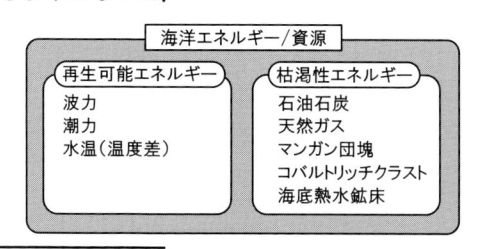

[1] 新エネルギー利用等の促進に関する特別措置法のなかでは，新エネルギーとは，「技術的に実用化段階に達しつつあるが，経済性の面での制約から普及が十分でないもので，石油代替エネルギーの導入を図るために特に必要なもの」と定義されている．同法の定義では再生可能エネルギーの一部が新エネルギーである．

9.1 はじめに

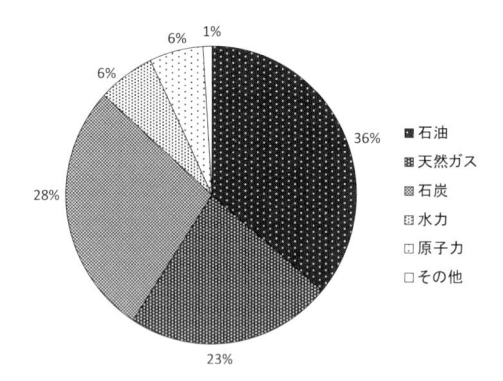

図9-1 発電方法別の電力量．(EIA International Energy Annual 2004 およびEnergy Balances of OECD Countries)

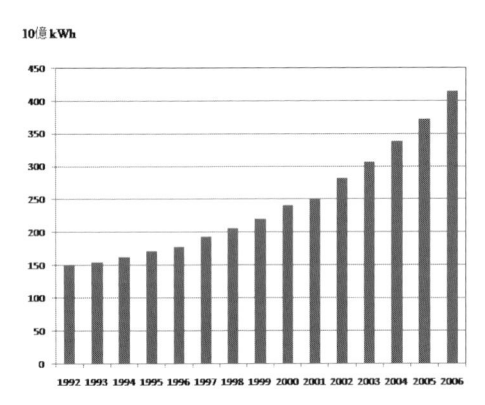

図9-2 水力を除いた再生可能エネルギーによる発電量の推移 (EIA International Energy Annual 2004)

　枯渇性の海洋エネルギー資源には石油，天然ガスあるいは石炭などの化石燃料がある．エネルギー資源ではないが，マンガン団塊，コバルトリッチクラストあるいは海底熱水鉱床などの鉱物資源も枯渇性という点では同じである．商業生産が行われているのは化石燃料に限られるが，わが国では2007年に**海洋基本法**が制定されて以来，海洋資源開発への関心が高まっている．特に2008年に閣議決定された**海洋基本計画**には，国が今後10年を目途にメタンハイドレートと海底熱水鉱床の商業開発を目指すことが明記された．前述の新エネ

ギーが環境問題と関連付けて推奨されているのに対し，メタンハイドレートや海底熱水鉱床は資源の自給率向上を期待している．

　海洋エネルギー／鉱物資源の開発には，たとえ再生可能エネルギーであっても，海洋構造物の建造や大型機械類の稼働など，環境への影響は避けられない．英国では環境に優しいと期待された潮汐発電が，環境影響を懸念して一時凍結に追い込まれた例もある（社日本船舶海洋工学会，2007）．環境問題の他にも，海域利用をめぐる産業間の調整，将来世代に配慮した資源利用の検討などが求められる．このように単に資源開発と言っても，不要論が存在したり，容認論のなかにも優先順位や時期に関する様々な見解が存在する．これらをまとめ上げるには，科学技術，環境，法律，経済および社会科学的な知識の他，それらを総合的に検討し，方向付ける意思決定のしくみが重要である．

9.2 海洋エネルギー／資源開発の現状

9.2.1 再生可能エネルギー

　9.1で述べたとおり，現在，再生可能エネルギーへの期待が高まっている．以下に海洋での代表的な利用例として潮汐・潮流発電，波浪発電および温度差発電を紹介する．

（1）潮汐発電

　潮汐発電は，満潮時に溜め込んだ海水を干潮時に勢いよく放流してタービンを回転させる発電方式である．そのため海岸に大型の海水貯留施設を建設しなければならない．また干満周期と連動させるために稼働時間が短く，設置は干満差の大きな場所に限られる．わが国に実用機はないが，仏国では1966年に世界に先駆けてランス潮汐発電所を稼働させている（加藤・寺尾，1982）．また2010年から，ランスを抜く世界最大の潮汐発電所が韓国の北西海岸で稼働されることになっている．

（2）潮流発電・海流発電

　潮流発電は，潮流の力を利用するが，基本的には風車と同じ原理である．海水はエネルギー密度が高いので，効率よく変換できれば発電量も大きくなるが，技術面や経済面から今日まで実用化されていない．現在，流れに合わせてプロペラの角度を変化させる，水路を狭めて流速を速める，などが検討されている．同じ原理の発電に海流発電がある．海流は年間を通じて方向が安定するが，陸域から離れた場所での施設係留や送電のロスなど，実用化に向けての課題は多い．しかし米国では，グリーンニューディール政策が打ち出されて以来，潮流発電への関心がにわかに高まりだした．

（3）波浪発電

　波浪発電は，波が押し寄せる力を利用する発電であるが，エネルギーに変換させる方法には様々な検討がある．1965年，わが国は小電力発電装置の製作に成功し，それが航路標識ブイに応用され，現在では世界で数千台以上が利用されている．1978年には山形県鶴岡市の沖合3kmのところで「海明」と名付けられた大型発電装置の海域実験が行われた．さらに1987年には三重県でも「マイティーホエール」の愛称で知られる大型波浪発電装置の実験が行われた．これらはわが国が世界をリードする研究開発であったが，最近ではヨーロッパ，中国，韓国および米国の方が熱心に取り組んでいる．

（4）海洋温度差発電

　海洋温度差発電はオテック（OTEC：Ocean Thermal Energy Conversion）の名で知られている．基本的には表層水と中深層水の温度差を利用し，アンモニア，プロパン，フロンなどを蒸発させ，その蒸気でタービンを回転させるしくみである．従って表層水と中深層水の温度差のある低緯度海域が設置対象になる．この原理は1881年に仏国の科学者が提案したものだが（實原・桜澤，2004），発電効率などが課題となって，今日まで実用化されていない．わが国では佐賀大学の研究グループが，これまでよりも高い発電効率を持つウエハラサイクルを開発し，実用化を目指して研究中である（Asou *et. al.*，2007）．

― COLUMN ―

海洋温度差発電（OTEC：Ocean Thermal Energy Conversion）

　火力発電にしても，原子力発電にしても，蒸気の力を利用してタービンを回転させ，電力を得ている．海洋温度差発電も基本的な原理は同じである．異なる点といえば，火力発電は化石燃料を，原子力はウランを燃焼して蒸気をつくるのに対し，海底温度差発電では表層の温かい海水によって蒸気をつくり，深層の冷たい海水で液体に戻すことである．このように蒸気化と液化を繰り返すシステムであるが，赤道付近の低緯度海域であっても表層水の温度は30℃前後であるから，アンモニアなどの低沸点の媒体が利用される．

　海洋温度差発電のシステムは，蒸発機，凝縮機，タービン，発電機，およびタービンで構成される（図）．このなかにアンモニアのような低沸点の媒体を封入し，蒸発器で蒸気化し，凝縮器で液化する．蒸発器を加温するのは表層海水で，凝縮器を冷却するのは600～1000mから汲み上げた深層水である．

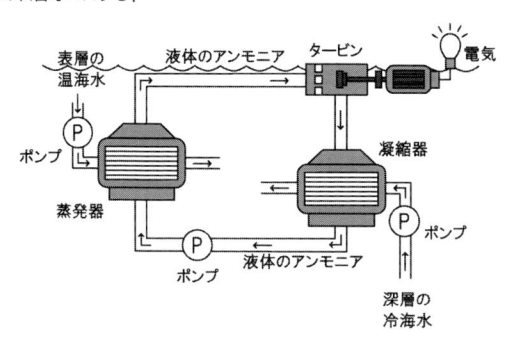

海洋温度差発電の原理（佐賀大学理工学部HP）

9.2.2 枯渇性エネルギー／鉱物資源

　私たちの生活を支えるエネルギー／鉱物資源の大部分は陸上資源である．海のエネルギー／鉱物資源の多くは，まだそのポテンシャルに期待を寄せている段階である．ここでは可能性のある対象も含めて枯渇性海洋資源について概説することとする．

9.2 海洋エネルギー／資源開発の現状

(1) 海洋石油

　石油は，植物プランクトンなどの遺骸が，長い時間をかけて，地熱や圧力の影響で液体の炭化水素に変化したものと考えられている．それらがうまく移動し，貯留層と呼ばれる多孔質の岩石の中に閉じこめられると油田になる．したがって過去において生物生産が活発だったこと，貯留岩が存在すること，凸状の地層になっていること，などが油田形成の条件になる．現在の海底油田の多くが**大陸棚縁辺部**で発見されるのは過去に生物生産が盛んだったことと関連する．海底油田の生産は，1947年，ルイジアナの沖の水深60mで行われたのが最初である．それが1990年代になると，メキシコ湾，ブラジル沖，北海，西アフリカなどで水深1,000mを超える大水深油田が相次いで発見され，今では掘削装置は水深3,000m，生産装置は水深2,300mを越えて稼働するようになった（伊藤，2006）．

(2) メタンハイドレート

　メタンハイドレートはメタンガスと水から構成される水和物である．形成には**高圧かつ低温が条件**となるので，分布するのは永久凍土帯か深海底に限られる．さらに過剰なメタンが必要なので，深海と言っても，生物生産の高い大陸棚縁辺部などが該当する（口絵9-1）．日本近海にはメタンガス量にして7.4兆m^3が賦存すると試算されている．これは1999年の我が国の天然ガス消費量（750億m^3）の100倍にあたる（入澤，2008）．しかし石油や天然ガスのように，掘削しても噴き出してこないので，効率的な回収が課題となる．また回収後に地盤が緩む危険性や漏洩メタンガスによる環境影響評価などの課題も残されているので，現在のところは商業生産は行われていない．

(3) マンガン団塊

　マンガン団塊は，鉄，マンガン，ニッケル，銅，コバルトなどの有用金属を含むジャガイモ状の鉱物で，水深5,000m前後の海底上に分布している（図9-3）．サメの歯などを核にしてその周りに年輪を刻むように，100万年に0.8から40mmほどのゆっくりとした速度で成長する．マンガンと鉄の酸化物が主たる構成要素なので，堆積物に埋没して酸素供給が断たれる場所では存在で

第9章 資源はめぐる

図9-3 マンガン団塊（福島2009）

きない．したがってマンガン団塊は大陸から離れた**貧栄養海域**に多い．分布量は世界の消費量換算で，銅が15〜20年分，ニッケルが250〜300年分，コバルトでは2,000〜3,000年分との試算もある（志賀，2003）．1997年には採鉱試験も実施され，技術的には完成に近い段階にあるが，商業化のためには経済性が鍵である．

（4）コバルトリッチクラスト

コバルトリッチクラストも，海水中の鉄・マンガン酸化物が沈殿・凝集したもので，水深500〜2,500mの**海山斜面**を覆うように分布する（口絵9-1,9-2）．海山斜面では沈降した堆積物は底層流により速やかに流されるため，概ね酸化的環境が保たれる．わが国の排他的経済水域内（EEZ）の存在量が米国に次ぐ世界二番目との見方があるのは（山崎，2008），EEZの広さもさることながら，プレートが非常に古いことも一因である．[2] 含まれる金属類はマンガン団塊とよく似るが，先端技術には欠かせないコバルトが濃集していることや，燃料電池の触媒に必要な白金あるいは**レアアース類**の品位の高いことが特徴である．水深が浅く，大部分がEEZにあるので開発には有利だが，採鉱

2）プレートは中央海嶺で形成され，ゆっくりと移動して，やがて海溝で地球内部に飲み込まれる．
　　したがって海溝付近のプレートは最も古い

や製錬の方法は確立されていない．海洋基本計画のなかでも調査・開発のあり方を検討したうえで有望な海山を選定することが明記されている．

(5) 海底熱水鉱床

海底熱水鉱床は，海水が海底の割れ目から浸透し，マグマに温められ，周囲の岩石の金属分を溶かし，再び海底から湧き出る際に急激に冷やされ，金属分を析出させたものである（口絵9-1，口絵9-3）．火山活動が活発な**中央海嶺**などのプレート形成域やプレート収束域で発達する．鉱石には亜鉛，銅，鉛，銀および金などの有用金属が含まれる．フィジー共和国のEEZ内で2010年から商業開発を始める計画があったが，2008年の世界的な不況のために計画が延期されることになった．

9.3 資源開発に向けての課題

海洋資源開発の歴史は浅い．現在開発が盛んな石油であっても，生産が始まって60年しか経ていない．そのため技術の蓄積も法律の整備も不十分である（福島，2010）．さらに環境世論あるいは経済情勢など，資源を取り巻く状況変化に対応することも開発者側に残された課題である．ここでは海底熱水鉱床を例にして資源開発の技術的課題，経済性の課題および今日的な課題について述べる．

9.3.1 技術的課題

2009年に経済産業省・**総合資源エネルギー調査会**は**海洋エネルギー・鉱物資源開発計画**をまとめた．計画は2012年度までに沖縄海域および伊豆小笠原海域を中心に海底熱水鉱床の資源量調査と環境調査を実施すること，採鉱技術および金属回収技術等を検討すること，および実施までの道筋（ロードマップ）を示している．以下は課題として挙げている内容の要点である．

(1) 資源量調査（探す）

資源量調査は，開発に際して最も基本的な調査で，どこに，どれだけの鉱床

が存在するかを明らかにする探査が目的である．現在までのところ，沖縄海域および伊豆小笠原海域に鉱床を確認している．しかし鉱床の深さが不明なので，どれだけ，を推定できない．同計画では，両海域での高密度ボーリングおよび物理探査等の調査を行い，深さ方向の連続性と平均品位のデータ取得を目指している．

(2) 採鉱技術（採る）

採鉱技術は，広義には，鉱床から鉱石からを掘り出し（**採掘**），それを船上まで引き上げる（**揚鉱**）ことを指す．加えて採鉱船の定点保持技術やそれらを統合した全体システムの構築が求められる．これまで浅海域を対象とした掘削機や浚渫（しゅんせつ）ロボットの開発はあるものの，深海の硬質鉱床の掘削実績はない．同計画では要素技術と統合システムを同時並行的に取り組むとしている．

(3) 選鉱／製錬技術（回収する）

掘り出した鉱石を細かく砕いてから有用鉱物と非有用鉱物に分離するプロセスを**選鉱**，得られた生産物を**精鉱**という．精鉱を熱あるいは化学反応で溶解し，更に純度の高い生産物にする工程を**製錬**という．銅，鉛，亜鉛などのベースメタルの金属回収については，これまでの研究の蓄積により，ある程度の技術的な下地がある．しかしレアメタルの製錬やヒ素などの有害金属の除去は今後の課題として挙げている．

(4) 環境影響調査

環境影響調査は，環境への影響を予測し，保全策を検討するためのデータ取得を目的とする．そのデータに基づき，科学的裏付けと国際的に受け入れられる評価手法の提示が必要である．しかし，採鉱および選鉱／精錬技術が定まらないところに，環境影響調査の計画立案の困難さがある（福島　2010）．

9.3.2 経済的課題

資源とは経済的価値をもった自然の恵みである．したがって経済性がなけれ

9.3 資源開発に向けての課題

ば，技術的課題を克服しても，開発を進めることはできない．海底鉱物資源の場合，濃密に存在，大量に存在，適切な場所に存在，および将来性を見込めることなどが判断の鍵となる．当然ながらそれらは組み合わせの中で総合的に判断されることでもあり，その時々の社会情勢に応じても変化するものである．

(1) 濃密に存在すること（効率的に回収できること）

濃密に存在するということは効率的（経済的）に回収するための条件の一つである．広範囲に少量づつ存在する場合，総和が大きくても，回収コストの割合が大きくなり経済性が低くなってしまう．海底熱水鉱床の場合，熱水活動のある周辺域を中心に形成されることから，比較的集中した分布が期待できるが，具体的なコスト計算は行われていない．

(2) 大量に存在すること（安定供給できること）

一般に資源開発には長い準備期間が必要である．広域概査，精査，精査の結果に基づくFS（フィージビリティ・スタディ）を繰り返せば，10〜20年は瞬く間に過ぎてしまう（山崎，2009）．準備期間に投資した費用を考えれば，どんなに濃密に存在する資源であっても，数ヶ月で採り尽くしてしまう量しかないのなら，経済性が見込めないと判断される．海底熱水鉱床は，前述したとおり，まだ資源量を把握できない段階にある．

(3) 適切な場所に存在すること（経済的に運搬できること）

運搬コストは資源の経済性を左右する重要な要素である．水産資源なら漁場は消費地の近くであることが望ましく，鉱物資源であれば精錬施設の近くが望ましい．深海には莫大な量の鉱物が存在するが，今もって商業化されない理由のひとつは採鉱・運搬コストの面で陸上資源に対抗できないからである．

(4) 将来性の見込めること（安定的に需要があること）

前述の条件を満たしたとしても，安価で使い勝手の良い代替品が安定的に供給されるようでは，経済性があるとは言えない．つまり，経済原理の中で，淘汰されてしまうようなものは，濃密にあろうが，大量にあろうが，運搬コスト

が低かろうが，資源にはなりえない．以前，建設資材として重宝された石綿（アスベスト）は，今では使い勝手が悪いどころか，有毒である．現在の経済性はゼロに等しい．

9.3.3 今日的課題

9.3.1で述べた技術的課題は，開発を前提としており，解決が容易とは言わないまでも個々の要素技術の検討とその組み合わせといった道筋は明快である．しかし開発という前提を取り去ると，一転して，話が複雑になる．すなわち海底熱水鉱床の開発によって別の利益あるいは可能性を失うような**トレードオフ**の関係が生じるのであれば開発を中止することにも合理性がある．以下に海底熱水鉱床の開発とトレードオフの関係にある対象を整理する．

（1）科学調査活動とのトレードオフ

海底熱水活動は大規模な熱循環であり，全世界の河川に匹敵するほどの流量を持つと言われる．地球の冷却と熱フラックス，固体地球の物質収支，化学合成生態系とその伝播，さらに多様な遺伝子組成など，科学的興味の尽きない場所である．海底熱水鉱床を資源開発の視点だけで捉えると，研究者から研究フィールドを奪うことになる．

（2）水産資源とのトレードオフ

水産資源の衰退は世界的に深刻な状況にある．危機感をもった国連総会はここ数年間，深海の水産資源保護に取り組むとともに，脆弱とされる海山，熱水噴出孔，冷水サンゴ礁などの生態系そのものを人間活動から保護するように呼びかけている（林，2008）．海底熱水鉱床開発を始めとする海底鉱業は歓迎されない活動になる．

（3）遺伝子資源とのトレードオフ

医薬品，新素材開発分野で大いに期待されている海洋生物の遺伝子資源であるが，脅威となる活動の一つに深海鉱業が挙げられている（Korn *et al.*, 2003）．また，わが国は「深海微生物資源の取り扱いを巡る国際的な動向を把握しつつ

9.3 資源開発に向けての課題

方針および体制を早急に整備すること」を海洋基本計画に明記した．ここにも海底熱水鉱床開発との干渉が存在する．

(4) 海洋保護区とのトレードオフ

環境政策の一つの試みとして**海洋保護区**の議論が国内外で活発である．カナダ政府は2003年，2008年と相次いで海底熱水噴出孔周辺を海洋保護区に指定するなど，深海生態系の保護に取り組んでいる．わが国も海洋基本計画のなかで「国際約束を踏まえ，関係府省の連携の下，わが国における海洋保護区の設定のあり方を明確にしたうえで，その設定を適切に推進する」と述べている．今後の議論展開次第では，海底熱水鉱床周辺域を保護すべき貴重な海域と位置付ける可能性もある．

(5) 生物多様性の保全とのトレードオフ

海洋生物の多様性問題は国連の作業委員会あるいは海洋・海洋法に関する非公式協議プロセス（UNICPOLOS）[3]のなかで継続的に審議されている．特に海山，冷水サンゴ礁，海溝，海底峡谷，鯨骨群集および海底熱水噴出孔を重要海域に位置づけると同時に海洋生物多様性に悪影響を及ぼす活動の一つに鉱物資源開発を挙げている．これらは前述の海洋保護区の設置推進を補強する意見である．

(6) 予防原則

予防原則とは「深刻な，あるいは，不可逆的な損害のおそれがある場合には，完全な科学的確実性の欠如が，環境悪化防止のための費用効果的な措置を延期するための理由とされるべきではない」という考え方である．この理念は，1992年の国連環境開発会議以来，国内外の環境法規制のなかに取り入れられてきたが，国際法のなかでは未だ確立した概念ではない．しかし，だからこそ海底熱水鉱床の扱いに現行とは異なる対処方針が求められる可能性もある（中谷 2008）．

---

3) 海洋と海洋法に関する国連非公式協議プロセス．毎年秋の国連総会で行われる海と海洋法の議事の審議を補足・準備するために，2000年から開催されている非公式会議の名称

9.4 課題克服に向けて

　海底熱水鉱床の開発は，必要性を訴える声に押されて法律が制定され，予算を含めた体制が整備された．そして対応すべき課題も共有され，現在それに取り組んでいる．これらは従来の資源あるいは海洋開発の枠組みと何ら違いはない．一方で開発の延長線上にある**金属資源供給というベネフィットの裏側には，他の活動に負の影響を与えるマイナス要因（ここでは以後リスクとする）が存在する**．これは先に述べたように，海洋に多様な価値を見出すようになった今日的な課題である．つまり海底熱水鉱床の開発を進める一方で，中止する合理性についても検討しなければならないのである．さもなければ海を舞台にした「早い者勝ちの開発競争」を招くことになる．

　海底熱水鉱床の開発が及ぼす海洋環境への影響に関しては不明なことが多く，現在の知見のなかでリスクを正確に予測するのは不可能という事実も動かし難い．科学者は実証されていない事項についての社会的発言を慎む傾向にあるが，社会は科学者のメッセージを求めている．発言の重さとバランスを自覚した科学者の発言が硬直した局面を打開することを期待したい．

参考文献

Asou, H., Yasunaga, T. and Ikegami, Y. (2007) : Comparison between Kalina Cycle and Conventional OTEC System using Ammonia-Water Mixtures as Working Fluid. Proc. of the 6th Int. Offshore and Polar Engineering Conference, Lisbon, Portugal, July 1-6, 2007, 284-287.

福島朋彦 (2005)：深海環境保全策の技術的検討．海洋政策研究，2，19-58.

福島朋彦 (2010)：海底根水鉱床の開発と環境，エネルギー・資源，31 (4)．

林司宣 (2008)：国連等世界レベルの動き．『海洋白書2008』（海洋政策研究財団編），pp.83-87．成山堂．

伊藤 充 (2006)：海洋石油開発の動向について．平成17年度海洋研究開発機構研究報告会，10-13.

入澤 博 (2008)：環境に配慮したメタンハイドレート資源の開発に向けて．海洋と生物，177，435-436.

加藤直三・寺尾裕 (1982)：潮汐発電．日本造船学会誌，637，58-62.

Korn, H., Friedrich, S. and Feit, U. (2003) : Deep Sea Genetic Resources in the Context of the Convention on Biological Diversity and the United Nations Convention on the law of the Sea. Federal Agency for Nature Conservation. Germany, 83pp.

實原定幸，桜澤俊滋 (2004)：海洋温度差発電の胎動．Ship & Ocean Letter 88，6-7.

中谷和弘 (2009)：海底鉱物資源の探査・開発と国際法－海底熱水鉱床を中心として－ ジュリスト，1365，65-73.

NEDO (2003)：スウェーデンで「緑の認証電気」購入義務付け開始．NEDO海外レポート，911，16-17.

渡邉斉志 (2005)：ドイツの再生可能エネルギー．外国の立法，225，61-68.

山崎哲生 (2009)：日本のEEZ（排他的経済水域）・大陸棚の深海底鉱物資源開発の可能性と必要性．J. MMIJ，12，829-835.

「鉱物資源論」志賀美英，九州大学出版，289pp，2003.

「海洋資源7つの不思議と11の挑戦」(社) 日本船舶海洋工学会,海事プレス社,196pp,2007.

「海洋白書2008: 鉱物資源」山崎哲生・海洋政策研究財団編,pp.51-53,成山堂,2008.

第10章 電磁波・音波はめぐる

10.1 リモートセンシング

　リモートセンシング（remote sensing：遠隔計測）とは「離れた場所に設置したセンサーを用いて，観測対象に直接触れることなく，観測対象物に関するデータを収集・解析し，観測対象物の性質に関する情報を得る」技術である．センサーと観測対象物を結ぶものは電磁波や音波である．

　電磁波や音波を用いるリモートセンサーは観測を行うために，地上・海上タワー・航空機・気球・人工衛星などセンサーを搭載する**プラットフォーム (platform)** を必要とする．特に海の場合は以上述べた一般のプラットフォームに加え，船舶・海上固定ブイ・海中浮遊ブイなどが利用されることがある．

10.2 電磁波によるリモートセンシング

　電磁波を用いたリモートセンサーは**能動型センサー（active sensor）**と**受動型センサー（passive sensor）**に大別出来る．

　能動型センサーはセンサー自身が電磁波を発射し，観測対象から散乱して戻ってくる電磁波を観測するもので，マイクロ波（後述）を利用して風波や海上風を観測する散乱計や，海面高度を観測する高度計がその代表例である．能動型センサーは雲の有無や昼夜に関係なく観測出来るという特性を持つ．

　受動型センサーは観測対象が放射する微弱な電磁波や，太陽光の反射波を観測するもので，海色や水温を観測する可視・赤外の分光放射計などがこれにあたる．これらの観測は雲があると出来ず，また夜の観測も不可能である．

　電波と光からなる電磁波による海洋のリモートセンシンシングの実例を表10-1に示す．SHF波は別称マイクロ波（1〜30GHz）と呼ばれる．また中間

165

10.2 電磁波によるリモートセンシング

表10-1 電磁波によるリモートセンシング

呼称	周波数	波長	リモートセンサー（観測対象）
MF（中波）帯	300KHz〜3MHz	100m〜1km	
HF（短波）帯	3〜30MHz	10〜100m	短波海洋レーダー（波・流れ）(High Frequency)
VHF（超短波）帯	30〜300MHz	1〜10m	アイスレーダー（極域氷床）
UHF（デシメートル波）帯	300MHz〜3GHz	10cm〜1m	
SHF（センチ波）帯	3〜30GHz	1〜10cm	合成開口レーダー(スリック・油) 散乱計（海上風・風波） 高度計（海面高度） マイクロ波放射計（海面水温）
EHF（ミリ波）帯	30〜300GHZ	1mm〜1cm	
サブミリ波帯	300GHz〜3THz	0.1〜1mm	
遠赤外線	3〜20THz	15〜100μm	
中間赤外線	20〜200THz	1.5〜15μm	熱赤外分光放射計（水温）
近赤外線	200〜400THz	0.75〜1.5μm	近赤外分光放射計（水温）
可視光線	400〜750THz	0.40〜0.75μm	海色計（植物プランクトン）
紫外線	750〜30000THz	10nm〜0.4μm	

赤外線の一部は熱赤外線（8〜14μm）と呼ばれる.

この中でHF波からSHF波までが能動型センサーで，中間赤外線から可視光線までが受動型センサーとなる.

10.2.1 能動型センサー

能動型センサーによる海洋観測で近年最も成果をあげているものはマイクロ波海面高度計である．海面高度計はマイクロ波の伝播時間からセンサーと海面の間の距離を計測することにより，海面高度の変動を観測するために開発された．海面高度の変動は地衡流を仮定すれば，海流の変動に変換される．1975年GEOS-3（人工衛星の名前），1978年SEASAT，1985年GEOSATに搭載され，メキシコ湾流や大西洋の中規模渦検出に成功した．その後，アメリカのNASA（National Aeronautics and Space Administration；アメリカ航空宇宙局）とフランスのCNES（Le Centre National d'études Spatiales；フランス国立宇宙センター）が共同して1992年にTopex/Poseidon，2001年にJasonを打ち上げた．現在まで約10日間隔（10日ごとにある点の上空に回帰する）で地球規模の海面高度計データを連続的に取得し続けていて，そのデー

第10章 電磁波・音波はめぐる

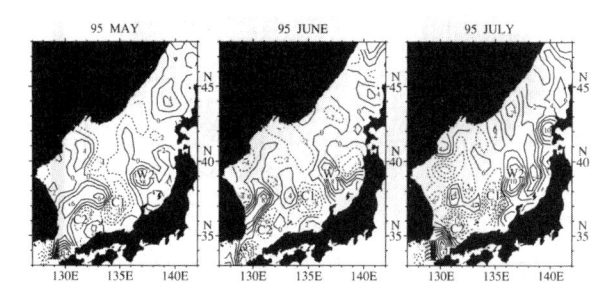

図10-1 1995年5〜7月，日本海における渦の分布状況．数字はcm (Morimoto et al., 2000).

タ解析により多くの知見が得られている．一例として，図10-1に1995年5〜7月の日本海における渦の移動状況を示す．多くの渦が停滞したり，移動したりする状況がよくわかる．

マイクロ波散乱計は海面で反射してくるマイクロ波の散乱強度・分布から海上の風向・風速を測定することを目的に開発された．1978年打ち上げられたSEASATの散乱計は，衛星の軌道下幅1500kmの海域の風向・風速を精度2m/sec，空間分解能50kmで観測することに成功している．日本でも1996年に打ち上げられたADEOSに搭載されたマイクロ波散乱計（NSCAT）により，幅1200kmの海域の風向・風速を空間分解能25kmで観測することに成功した．NSCATにより観測された日本海の季節風の分布を図10-2に示す．

合成開口レーダ（SAR；Synthetic Aperture Radar）により得られた画像には海面のスリック（収束線）などがきれいに撮影される．この画像の時間的変化などを用いて内部波（海面下の内部境界面で発生している波動）の伝播解析などが行われる．

能動型センサーのひとつであるTMI（TRMM Microwave Imager）を搭載したTRMMが熱帯降雨の定量的な観測を行うために1997年11月に打ち上げられた．降雨レーダは周波数13.8GHzのレーダーを衛星から発射し，降雨粒子からの反射波を観測して，降雨の3次元的構造を明らかにしようというものである．水平分解能は4.3km，鉛直方向には250mの分解能をもち，海面または地表から15kmまで観測可能である．TRMMにはまたマイクロ波放射計や可視赤外放射計などのセンサーも搭載されているが，これらは後述する受動型

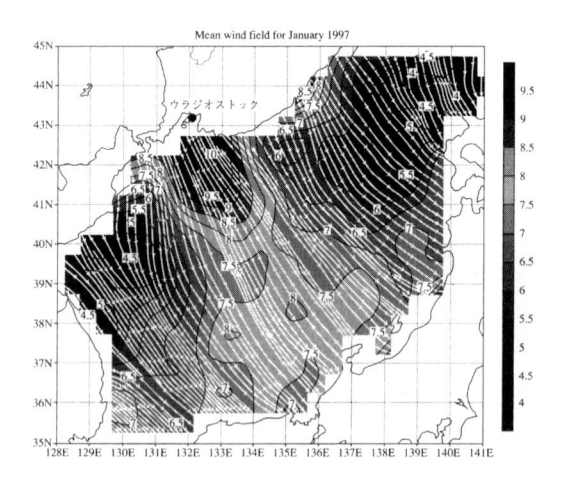

10.2 電磁波によるリモートセンシング

図10-2 NSCATにより観測された1997年1月の日本海における季節風．数字は m/sec（Kawamura and Wu, 1998）

センサーで，海面水温も観測できる．

HFレーダー（High Frequency Radar：短波海洋レーダー） は陸上の局からHF電磁波（例えば，周波数25MHZ，波長 $\lambda_r = 12m$）を発射し，海面の波浪成分（周波数0.505Hz＝周期1.98秒，波長 $\lambda_w = 6m$）にブラッグ散乱共鳴させて，この波浪成分波からのエコーを受信することにより，海面付近の流れと波浪に関する情報を面的に得ようとするものである．

ブラッグ散乱共鳴とは，ある波浪の峰で反射するレーダ波が，一つ前の峰からのレーダ波の反射波と位相が一致するとき，お互いに強めあい，共鳴が起こることを指す．二つの波の位相が一致する条件は，レーダ波の波長が波浪の波長の2倍になることである（図10-3）．

このような理由から，共鳴する波浪成分波が海面に存在しないような静穏な海面の場合には，HFレーダ観測は不可能となるが，現実にはそのようなことは起こり得ない．海面には常にいかほどかの波浪が存在するからである．

陸上の局からHF電磁波をある時間間隔（例えば0.5秒間隔）で5～10分間送受信する．このとき受信されるエコーはレーダの空間分解能（レンジ方向1.5km）内で，上述した共鳴条件を満たす波浪成分波による後方散乱エコーと

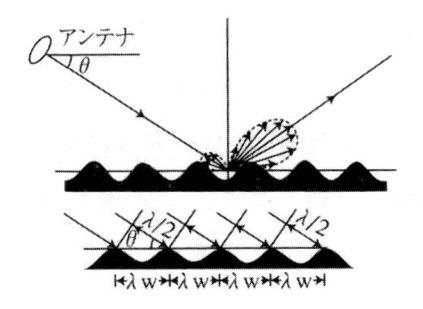

図10-3 ブラッグ散乱共鳴

なる．

　HFレーダでは波長が長い（周波数が低い）ほど伝搬損失が少ないので，観測可能な範囲は低い周波数ほど広くなる．しかし，周波数をあまりに低くすると，ブラッグ散乱する波長の海面波が存在しなくなる．従って，実際に用いられる周波数と観測可能範囲は5MHZで200km，10MHZで100km，25MHZで50km程度である．

　また，流速ベクトルを得るためにはアンテナの視線方向がなるべく直角方向になるように2台のHFレーダーを設置して同時観測を行う必要がある．

　波数kの波による海水の動きの振幅は深さzとともに指数関数的に減少していく．したがって，深さzの海水の動きが海面波に与える影響も$\exp(-kz)$の重みで変化する．ゆえに，HFレーダーは表層から$1/k$，すなわち，波の波長の$1/2\pi$（電波の波長の$1/4\pi$）程度の深さまでの流れを観測することになる．例えば25MHzのレーダーでは，電波の波長が12mであるから，海面下1m程度までの平均的な流れを観測することになる．

　図10-4にHFレーダーによる瀬戸内海・豊後水道における急潮の観測例を示す．1992年7月7日の豊後水道内の残差流（1日間の平均流）はほとんど0であったのに，翌7月8日には東南部で流速50cm/secにも達する急潮が発生していることがきれいに観測されている．

　HFレーダーにより受信されるエコーの強さは共鳴した波浪成分波のエネルギーに比例する．このとき第1次散乱スペクトルだけでは第1次散乱波浪成分波しかわからない．実際の波浪は多くの成分波から構成されているので，その

10.2 電磁波によるリモートセンシング

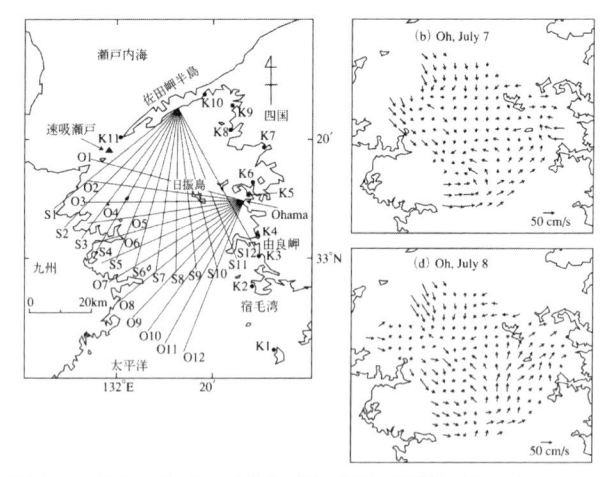

図10-4 HFレーダーによる豊後水道の急潮の観測例（Takeoka et al., 1995）.

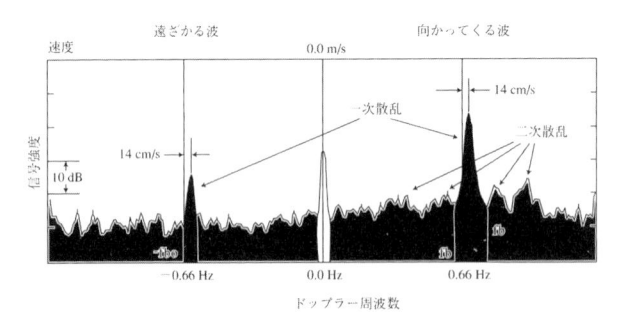

図10-5 HFレーダで得られるドプラースペクトル

場の波浪特性を明らかにしようと思えば，第２次散乱エコーも解析する必要がある（図10-5）．実際には，観測されたドプラースペクトルに重みをつけて，第１次散乱スペクトルで規格化し周波数積分することにより，波浪場の波高と周期を求めるアルゴリズムが開発されている．

10.2.2 受動型センサー

受動型センサーで最も普及しているのはNOAAに搭載された**AVHRR (Advanced Very High Resolution Radiometer)** とSeaWiFS (Sea-viewing Wide Field-of-view Sensor) に搭載された海色計である．

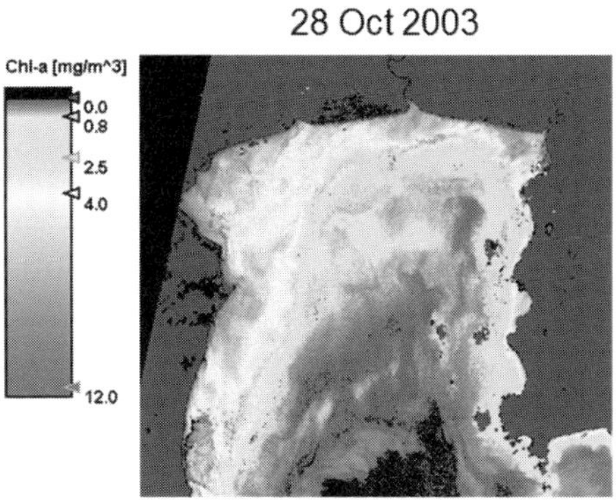

第10章 電磁波・音波はめぐる

図10-6　2003年10月28日タイ湾奥部のchl.a分布 (Buranapratheprat et al., 2000)

AVHRRは熱赤外線放射計により海面水温を水平分解能1.1kmで測定できる．海色計は可視光線放射計を用いて海面付近のchl.a濃度を同じく水平分解能1.1kmで測定できる．外洋のchl.a濃度は海色計により精度よく推定可能だが (Case I 水と呼ばれる)，沿岸海域では植物プランクトンのクロロフィル a 以外に，懸濁物質や有色溶存有機物質が存在しているために (Case II 水と呼ばれる)，適切な補正をしないと，海色計データから正しいchl.a濃度を推定することができない．**MERIS (MEdium Resolution Imaging Spectrometer)** の海色画像に対して適切な補正を行って得られたタイ湾奥部のchl.a濃度分布を図10-6に示す．

10.3 音波によるリモートセンシング

電磁波は海中では数m〜200mで散乱・吸収されてしまって，遠くまで届かない．そこで，はるか遠くの海中を計測するためには電磁波ではなく音波を用いる．

表10-2　音波によるリモートセンシング

周波数	計測器
150〜300KHz	ADCP
1.25KHz	IES
50〜400Hz	音響トモグラフィー

10.3.1 ADCP

ADCP（Acoustic Doppler Current Profiler；音響ドプラー流速分布計）は海水中の粒子，微細水温構造，植物プランクトンなど自己遊泳能力のほとんどない散乱体からの散乱音波のドプラー周波数シフト（近づく救急車と遠ざかる救急車では音の高さが異なる現象）を計測し，流速の鉛直分布を観測する器具である．

ADCP は大気の気流計測用として普及していたドプラーレーダーの技術を応用して，1970年代後半にアメリカで実用化された．晴天時の大気中には電磁波の散乱体が少ないために，ドプラーレーダーによる気流計測は，雲あるいは雨滴の存在する荒天時に行われる．一方，海洋中では電磁波はほとんど伝播しないので，電磁波の変わりに音波を用いる．

RD instruments 社の ADCP の場合，鉛直方向の最大分解数は128層である．75kHz の音波を使った場合の観測可能水深は700m，1,200KHz を使った場合の観測可能水深は50m である．つまり周波数の高いほど，鉛直分解能はよくなるが，観測可能深度は浅くなる．

ADCP 観測には船底に設置する船底型，船から曳航する曳航型，係留系にとりつける係留型，海底に係留する海底設置型など様々なタイプがある（図10-7）．

鉛直方向の分解能は計測時に設定する観測層の厚さと等価であるが，計測精度と反比例の関係となる．これは観測層内で流速を鉛直方向に平均化処理する

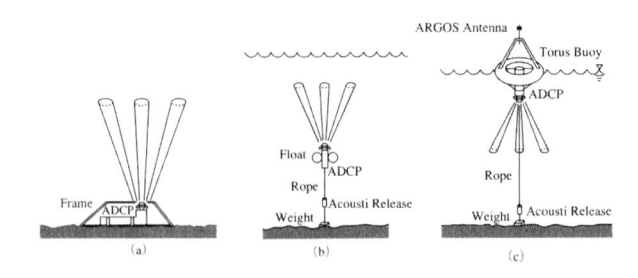

図10-7　海底設置型(a)，海中係留型(b)，海面係留型(c)の ADCP（金子・伊藤，1994）

ためである．例えば，150KHz の場合観測層厚を 1 m にすれば，精度は 90cm/s，4 m で22cm/s，8 m で11cm/s，16m で 6 cm/s となる．ただし，これは 1 秒毎に得られたデータをすべて採用した場合である．通常は時間方向にも平均化が行われ，精度はデータ数の平方根に比例して向上するから，例えば 1 分で平均化すれば 8 倍程度精度が向上し，8 m で1.4cm/s の誤差となり，実用上十分の範囲となる．

　これまでの ADCP では長いパルス（低周波数）を使用する狭帯域 ADCP が主流であったが，計測時間・深度幅を小さくするため，短いパルス（高周波数）を使用する広帯域 ADCP が普及し始めている．

　ADCP の欠点の一つとして，海面・海底付近の流速計測が不正確になることがあげられる．これは，例えば海中係留型 ADCP の場合，トランスデューサ（音波発信器）から鉛直上方に発射された弱いサイドローブ音波（周囲に拡がる音波）が海面で強く反射され，メインローブ音波（発射中心音波）で得られる通常の計測値に混入するために発生する．海底に向かって音波を発射する場合にも，海底付近に測定不正確層が発生する．トランスデューサの直上に遮蔽板を置くことにより，サイドローブを取り除き，海面のすぐ近傍まで測流を可能にする方法も提案されている．

（1）船底設置型

　船底に穴をあけ，トランスデューサを埋め込み，測流を行う．現在通常の観測船には当然装備されており，海上保安庁の巡視船にも，また博多－釜山を往復するフェリーにも装備されている．

　船底型は一度 ADCP を取り付ければ，船舶が運航される限り，データが取り続けることが可能である．しかしながら，逆に ADCP は常に水中にあり，保守・管理は船舶がドック入りした場合にのみ可能となる．さらに，ADCP の取り付け角度の正確性は特に重要で，傾いて設置すると，船底から発射された中心音波の反射波が船底に帰ってこないので，得られたデータの信頼性が問題となる．保守・管理のたびに，取り付け角度をきちんとチェックしなければいけない．

　外洋を運行するコンテナ船やフェリーの多くに ADCP を装備すれば，様々

10.3 音波によるリモートセンシング

な海域の海流モニタリングも可能となる．また海事衛星（INMARSAT）と組み合わせることにより，外洋で得られる ADCP データを陸上の研究室で一元管理することもできる．ADCP を鉄鋼船の船底に取り付ける場合に問題となるのは鉄鋼船の鉄の影響により ADCP 自体の磁気コンパスが使えなくなることである．その時は鉄に無関係に南北を指すことの出来る船舶のジャイロコンパスに接続して代用する．

(2) 曳航型

船底型 ADCP は，荒天になり，船のピッチングにより船底の ADCP トランスデューサーの周辺に気泡が混入するようになると計測できない．

このような欠点を克服することを目指して，曳航型の ADCP が開発された．曳航体は ADCP 内の磁気コンパスを乱さないように，通常 FRP とステンレスを用いて作られる．可搬型であるため，不特定の観測船に持ち込んでの観測が可能となる．曳航体全体が水没するために，気泡混入の問題は生じない．さらに曳航体に働く流体抵抗力を考慮して形状設計すれば，海上の風浪が高く，観測船が大きく動揺しても，海中走行時の曳航体の動揺を非常に小さくすることもできる．九州大学応用力学研究所で開発された曳航体 EIKO の場合，水没深度は約 5 m で，曳航速度は 10 ノットまで可能である．

船底型・曳航型いずれの場合も，ADCP は航行する観測船に対して，相対的な流速を計測する．したがって，絶対的な流速を求めるためには船速の影響を除かなければいけない．

使用する周波数により異なるが，水深が 200 m〜1000 m 以浅の浅海の場合は ADCP の海底からの反射波を利用して，船速を計測することが可能なので問題ない．しかし，海底からの反射波の減衰が大きい深海では GPS などを用いて船速を求める必要がある．ADCP と比較すると，これらの測位システムの精度は劣るので，外洋における ADCP 観測には注意が必要である．

図 10-8 に曳航型 ADCP 観測により得られた瀬戸内海・紀伊水道に冬季安定して存在する熱塩フロント（冷たい沿岸水と暖かい外洋水の境界）近傍の流速分布を示す．15〜18℃の急激な水温変化が見られるフロントを横切り，A-B

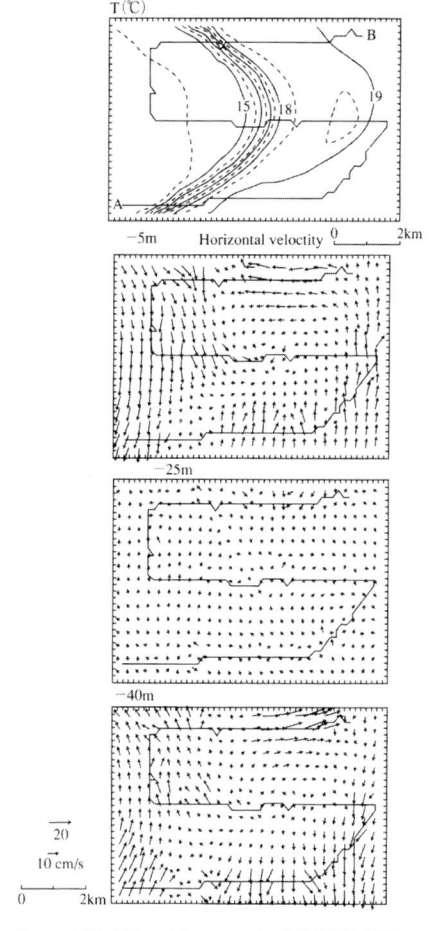

図10-8 紀伊水道の熱塩フロント（最上段）近傍の表層・中層・底層の流動．A-B線はADCP観測線を表す（Yanagi et al., 1996）

線に沿って行われたADCP測流結果を客観補間すると，表層（-5m）ではフロントに向かって収束する流れ，底層（-40m）ではフロントから発散する流れがきれいに捉えられている．

10.3 音波によるリモートセンシング

(3) 係留型

海中係留型ではADCPの設置深度を自由に選ぶことが可能になるが，係留線の横揺れによる計測誤差が問題となる．この場合は浮力を十分とって，横揺れをできる限り少なくするようにしなければならない．黒潮・湾流のような強流帯での計測時には表層の主流部をさけて，中・深層にADCPを設置して，上向きに音波を発射して計測すれば，抵抗が小さくなって，横揺れを少なくすることができる．

(4) 海底設置型

係留系は底引き網や中層トロールなどの漁業活動が盛んな海域では設置できない．その場合は底引き防止用のカバーをつくり，その中にADCPを入れ込み，装置自体を海底に沈めて観測を行う．計測終了時には海面から信号を送って，切り離し装置を作動させ，海底から浮きとロープを伸ばして，回収する．

(5) 水平型

関門海峡は最大潮流流速9ノットに達する，幅500〜1000m，水深10〜20m，長さ25kmの海峡で，海の難所として知られている．1日にこの海峡を航行する船舶数は660隻にのぼる．従来この海峡での潮流観測は，点でしか行われていなかったので，面的な潮流流速分布に関する情報が必要とされていた．そこで岸壁からADCPの音波を水平に発射・受信し，発射方向を7方向に変えることにより，岸壁から500mまでの間の海面下5mの流速水平分布を計測することが試みられた．1995,1996年に現場実験が行われたが，同時に行われた流速計観測結果との対応は良好で（佐藤，1997），この方法が実用化可能なことを示唆した．

(6) LADCP

LADCP (Lowered ADCP) はCTD (Conductivity Temperature Depth profiler：伝導度・水温・水深計) フレームの下部に取り付けられ，CTDセンサーより下向きに音波を発射して，CTDの降下・揚収時に海底近くまでの流速の鉛直分布を観測しようというものである．

10.3.2 音響トモグラフィ

音響トモグラフィは音波の伝播速度から水温や流速分布を計測する（断層撮影する）もので，音波の伝播方向の組み合わせにより1・2・3次元のトモグラフィがある．

(1) 1次元

IES（Inverted Echo Sounder：倒立音響測深器） は海底から海面に音波を発射し，海面で反射して返ってくる音波を受信して，水深で平均した音の伝播速度を計測する装置である．海水中の音波の伝播速度の変化は水温と圧力でほぼ決まるが，時間的に変動するのは水温の鉛直分布だけである．さらにある海域の水深平均した音波の伝播速度の変化に対して，水温鉛直分布はほぼ一位的に決まることが経験的に知られている．すなわち上層に暖かい海水がやってくると，鉛直平均した音波の伝播時間は短くなり，また暖かい海水が逃げて冷水が上昇してくると長くなる．したがって，音波の伝播時間と水温鉛直分布が1対1に対応するので，音波の伝播時間の時間変動から水温鉛直分布の時間変動，さらに海流の時間変動が推定出来ることになる．現在市販されているIESでは10.25KHzの音波を30分〜6時間間隔で発信し，受信するシステムが用いられている．

実際の観測ではIESを目的の地点の海底に設置し，一定期間データを得た後，切り離し装置を作動させて，IESを海面に浮上させて回収する．

(2) 2次元

1次元で述べたように，海洋中の音速は主に水温と圧力によって変化する．海洋では表層で水温は高く，底層で水温は低いが，水温が高いと音速は速くなる．また海洋では表層で圧力は低く，底層で圧力は高いが，圧力が高くても音速は速くなる．このため，音速の鉛直分布は約1000m付近で最小となる．したがって，この深さ付近で音を出すと，上方，下方に行った音波は屈折し，この層に戻ってきて，海洋中を蛇行しながら遠くまで伝わる．その意味でこの深さを **SOFAR（Sound Fixing and Ranging）channel** と呼ぶ．送波器と

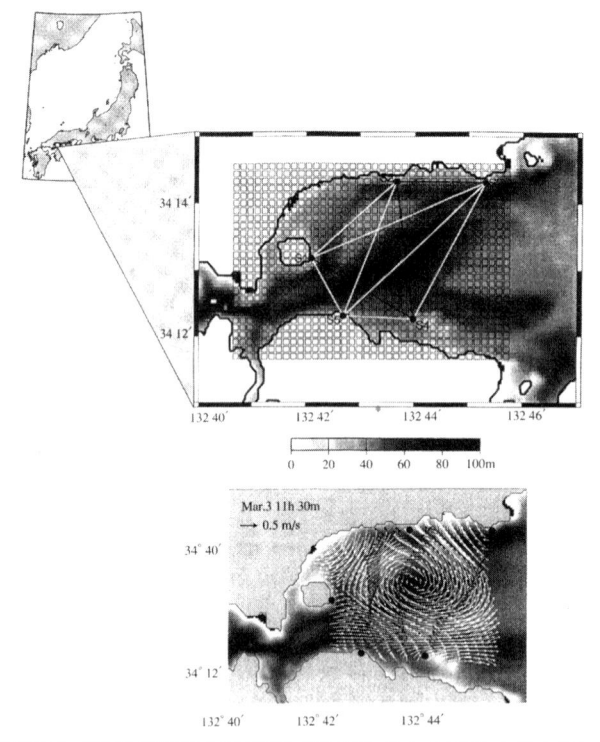

10.3 音波によるリモートセンシング

図10-9 瀬戸内海西部での音響局（S1-S5）分布（上図）と推定された流速ベクトル（白線）と ADCP による流速ベクトル（黒線）（下図）(Park and Kanko, 2000)

受波器を SOFAR channel の水深に，遠く離して設置し，音波の伝播記録を得ると，送波器と受波器間の水温分布と深さ分布から，送波器と受波器間で有限個の音波が伝わる音線とそれぞれの伝達時間が計算可能である．実際にはいくつかのパルス音（例えば50〜400Hz 程度）を送波し，受波の伝達時間から水温分布を逆に推定するという逆問題を解くことになる．

図10-9に瀬戸内海で行われた水平2次元音響トモグラフィーの結果とADCP 観測結果の比較を示す．両者の結果はよく一致している．

(3) 3次元

　従来数百kmといった広範囲の3次元水温鉛直分布を観測するためにはCTDやXBT (Expendable Bathythermograph：投下式水温水深計) を用いた現場観測を繰り返し行うしか方法がなかった．これに対して，複数個の送波器と受波器を100km程度離して係留し，その間のパルス音波の伝播時間を繰り返し測定することにより，その内部領域の水温鉛直分布の時間変動を明らかにすることが可能である．

　このような音波を使った海洋における水温や流速の2次元，3次元観測方法を**音響トモグラフィー（tomography：断層写真撮影）**と言う．

参考文献

Buranapratheprat,A., T.Yanagi, K.O.Niemann, S.Matsumura and P. Sojisporn (2008) Surface chlorophyll-a dynamics in the upper Gulf of Thailand revealed by a coupled hydrodynamic-ecosystem model. J.Oceanogr., 64, 639-656.

Morimoto,A., T.Yanagi and A.Kaneko (2000):Eddy field in the Japan Sea observed from satellite altimetric data. J.Oceanogr., 56, 449-462.

Kawamura, H. and P. M. Wu (1998):Formation mechanism of the Japan Sea Proper Water in the flux center off Vladivostok, J. Geophys. Res., 103, 21611-21622.

Takeoka,H., Y.Tanaka, Y.Ohno, Y.Hisaki, A.Nadai and H.Kuroiwa (1995):Observation of the Kyucho in the Bungo Channel by HF radar. J.Oceanogr., 51, 699-711.

金子新・伊藤集通 (1994):ADCPの普及と海洋学の発展．海の研究，3，359-372.

佐藤敏 (1997):水平ドプラー式流況分布測定装置．水路, 20-25.

Yanagi,T., K.Tadokoro and T.Saino (1996):Observation of convergence, divergence and sinking velocity at a thermohaline front in the Kii Channel, Japan. Continental Shelf Res., 16,1,319-1,328.

Park,J.H.and A.Kaneko (2000):Assimilation of coastal acoustic tomography data into a barotropic ocean model. Geophy.Res.Letters, 27, 3,373-3,376

第11章 法律はめぐる

11.1 海洋の活動と法律

　海洋の調査研究を実施するにあたって，関係する多くの国際的取り決めや国内法令がある．海岸や海上での調査，観測，試料採取など研究に必要な諸活動を行う場合，これらの法令等を遵守して行うべきであることは言うまでもない．それらについて網羅的，体系的に解説することは本書の趣旨を超えている．また，筆者は法律家ではなく，海洋に関する各種法体系などを専門に研究している者ではない．そのため，ここでは海洋に関する研究活動を行う研究者が基礎的知識として承知しておくべきと思われる事項に絞って概説を試みる．以下の節で，**国連海洋法条約**（正式名称は「海洋法に関する国際連合条約」）と海洋基本法について特に海洋調査や研究に関連する部分の解説を行い，また調査研究を実施する際に関係の深いいくつかの規制法等についても触れる．ここで取り上げる国際的取り決めや国内法令に関して，成立に至る歴史的経緯を含む背景となる趣旨の詳細，及び逐条的解釈などについては，それぞれ専門の文献を参照いただきたい．

11.2 国連海洋法条約

　一般に国際法として海洋法というとき，ほとんどの場合国連海洋法条約を指す．正式には「**海洋法に関する国際連合条約（United Nations Convention of Law of the Sea (UNCLOS)**」である．これは，第二次世界大戦後の1950年代終わりから三回にわたって開催された国連海洋法会議における長い議論を経て，1982年に採択された．この条約の採択，発効に至る経緯の詳細は省略するが，採択後60カ国から批准書等が提出された日の1年後に発効すると定められており，1994年11月16日に発効した．

11.2 国連海洋法条約

日本ももちろん批准して締約国になっているが，批准したのは条約発効後の1996年である．国内手続きは，1996年3月に国会提出，同6月に承認され，閣議決定を経て国連事務総長あてに寄託（提出）という手順で行われた．そして規定に従い，1996年7月20日に日本に対して効力が生じた．2009年12月現在で約160の国が締約国となっているものの，米国は批准していない．

国連海洋法条約（以下，「海洋法条約」という）は全部で320条と9つの附属書からなる非常に大部のものである．本文は17部に分けられ，各種用語の定義（第Ⅰ部）に始まり，海洋の区分に関する規定（第Ⅱ部〜第ⅩⅠ部），海洋環境保全（第ⅩⅡ部），科学的調査（第ⅩⅢ部），技術移転（第ⅩⅣ部）と続く．残りの3部は，手続きや紛争解決などに関する規定となっている．以下，海洋の区分に関する定義と意義，海洋の科学的調査などに関する事項について述べる．

11.2.1 海洋の区分

(1) 内水と領海基線

領海基線の内側の水域を**内水**という．琵琶湖をはじめとする国土に囲まれた湖沼，瀬戸内海，東京湾などの多くの湾がこれに該当する．この水域は陸地の領土と同等であるとされ，完全に日本の主権が及ぶ．他国の船舶等が調査などをすることはもちろん，ただ単に通り過ぎるだけの航行（**無害通航**という）も許されない．

上に「領海基線」という用語を定義することなく用いた．領海の範囲について，海岸線のどこから設定するのか，その基準となる地理的場所が領海基線である．海岸線は潮の干満によって岸沖方向に時間変化するため，領海の幅の基準となる海岸線は，公式の大縮尺海図に示される**低潮線**（干潮の時の海岸線）と定められている．これが原則であるが，入口の狭い湾，河口などにはそれを閉塞する線，海岸線が入り組んでいる場所などには「**直線基線**」を採用することが認められる．日本は，1996年に旧「領海法」を「領海及び接続水域に関する法律」（以下では「**領海法**」と記す）としてその施行令とともに改正し，一部の領海基線に直線基線を採用した（図11-1）．これにより，例えば佐渡島から舳倉島を経て猿山岬を結ぶ線の内側が内水となった．これらの海域では基

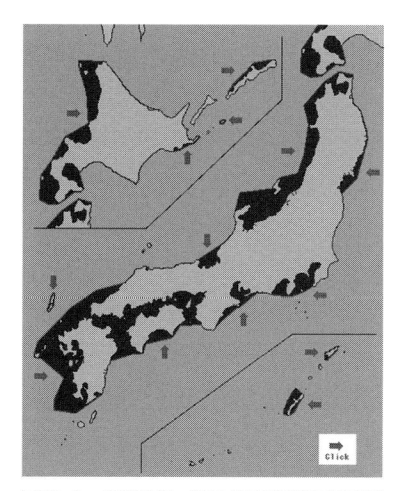

図11-1 直線基線（**海上保安庁海洋情報部**）

本的に日本の主権が完全に及ぶが，直線基線を採用することによって新たに内水となる水域には外国船舶の無害通航を認めることとなっている．直線基線の位置は，上述の政令に別表としてすべて記載されているほか，海上保安庁刊行の航海用海図等にも描かれている．

(2) 領海と接続水域

海洋法条約では，**領海**の幅について「12海里を超えない範囲」と定められている．この幅を設定する基準線が前項の領海基線である．以下，**接続水域**，**排他的経済水域**などの基準線も同様である．日本の領海は明治以来長く3海里としていたが，1977年に一部の海峡を除いて12海里に拡幅した．領海も内水と同じように国の主権が及ぶ領域とされる．違いは，外国船舶の無害通航権が認められている点である．どこまでが無害通航と言えるのか，海洋法条約第19条に無害通航とみなされない場合を列挙してあるとはいえ，必ずしも単純明快にはいかない．兵器訓練や漁業活動など，常識的に無害通航とは言えないと思われるもの以外に，調査活動，測量活動が含まれており，通常の航行形態において通例連続計測が行われる直下水深や表面水温などがこれに該当するか否か疑問が残りうる．さらに12項目には「通航に直接関係しないその他の行

11.2 国連海洋法条約

為」とあり,解釈の余地が大きい.

領海の外側には「接続水域」と呼ばれる海域があり,領海より外側の海域について領海基線から24海里を超えない範囲で設定することが認められる.領海ではないけれども,領土内や領海内で起こる法令違反についての取り締まりを行うことができる海域である.わが国もこれを領海法で設定しており,同法第4条第1項には,「我が国の領域における通関,財政,入出国管理及び衛生に関する法令に違反する行為の防止及び処罰のために必要な措置を執る水域として,接続水域を設ける.」とある.

(3) 国際海峡

前項の通り,日本の領海幅は12海里が基本となっているが,一部の例外がある.いわゆる**国際海峡**と呼ばれる5つの海峡では領海の幅を3海里とし,海峡中央部に日本の領海ではない海域を残してある(図11-2).法令上は,これらは「特定海域」とされ,領海法では本文の条項ではなく附則第2項として「当分の間,宗谷海峡,津軽海峡,対馬海峡東水道,対馬海峡西水道及び大隅海峡については,第一条の規定(領海幅12海里という規定:筆者註)は適用せず,特定海域に係る領海は,それぞれ,基線からその外側3海里の線及びこれと接続して引かれる線までの海域とする.」とある.また,同法施行令に別表として詳細に記載がある.

これらの海峡の中央部は日本または対岸国の領海ではなく,前述の接続水域や以下に述べる排他的経済水域と同等とみなされることになり,領海における無害通航権に関する議論とは別次元の海域となる.

(4) 排他的経済水域

各国が領海基線から200海里を超えない範囲で設定することのできる海域が「排他的経済水域 (Exclusive Economic Zone; EEZ)」で,その中では沿岸国が各種経済活動に関して排他的な権利を有する.この海域(海底下を含む)にあるさまざま海洋資源の開発や利用,建造物などの構築,海洋の科学的調査などについては,沿岸国が主権的権利を持っているとされる.日本では,1996年に「排他的経済水域及び大陸棚に関する法律」を制定して,排他的経

第11章 法律はめぐる

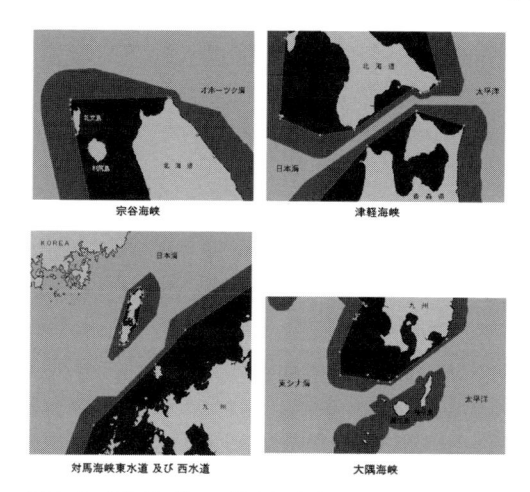

図11-2 領海幅3海里の特定海域（海上保安庁海洋情報部）

済水域を設定した（図11-3）．日本の内水，領海，排他的経済水域を合わせると約447万 km^2 となり（海上保安庁海洋情報部資料による），国土面積の11倍強の広大な領域に管轄権が及ぶ．日本の国土面積は世界で60位くらいである一方，この管轄海域の面積は世界第6位であると言われる．少なくとも面積の点で「海洋大国」であることは確かである．我々は，この海域を有効に利用する権利を有すると同時に，生態系や環境を保全する義務をも負っていることを自覚する必要がある．

本書の読者に最も関係の深い**「海洋の科学的調査」**に関しては，海洋法条約第 XIII 部に一連の規定がなされている．科学的調査に関する主権的権利とは，より具体的には，沿岸国が「海洋の科学的調査を規制，許可，実施する権利」を持っているということであり，他国の排他的経済水域の中で海洋の科学的調査を行おうとする場合には，沿岸国の同意が必要になる．ただ，純粋に科学を目的とする調査については基本的に同意を与えることとなっている．詳しくは後述するが，海洋法条約は海洋に関する理解増進のため科学的調査を推進しようとするものになっていることを指摘しておく．他方，その調査が天然資源の開発に直接関係するような場合には同意しないことが認められる．

11.2 国連海洋法条約

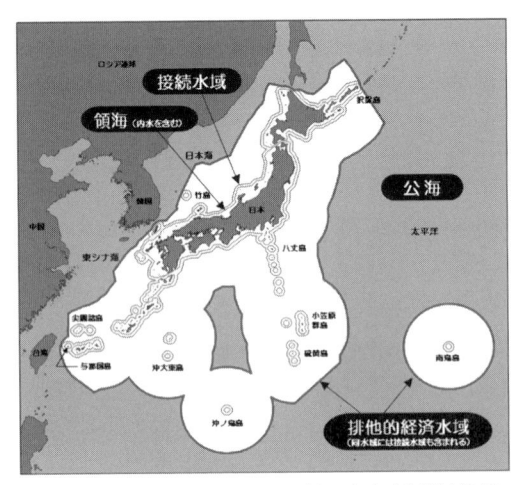

図11-3 日本の排他的経済水域（海上保安庁海洋情報部）

ところで，領海基線から200海里を超えない範囲と書いたが，海洋法条約第121条第3項に，「人が住めない，あるいは独自の経済的生活を維持できない岩は，排他的経済水域または大陸棚を持てない」という，いわゆる「経済生活規定」がある．ここにはいくつかの問題がある．「岩」の定義がされていないということに加え，「独自の経済的生活」にいろいろな解釈の余地もある．現に，日本が沖ノ鳥島の周囲に排他的経済水域を設定していることに対して，「沖ノ鳥島は『岩』であるので当該水域は設定できない」という主張を展開する国もあり，議論の行方によっては大きな影響が懸念される．

(5) 大陸棚

前項の排他的経済水域と似ているが，いくつか本質的に異なる点がある．まず，沿岸国の権益について，主権的権利が及ぶのは**大陸棚**の調査と天然資源の開発に関することである．ここでいう天然資源は，非生物資源と定着性の生物資源であり，広い海域を移動する魚類は含まれないとされる．また，領域の限界の決め方がこれまで述べてきた種々の海域とは大きく異なる．大陸縁辺部の外縁までという定義が基本で，これが領海基線から200海里に満たない場合は200海里までが海洋法条約上の大陸棚となる．200海里を超える場合は少し複

雑である．海底の堆積岩層の厚さが大陸斜面脚部からの距離の1％以上ある海域の限界線，または大陸斜面脚部から60海里までの線，のいずれかが大陸棚の限界となる．沿岸国は当然，両者のうち遠い方を主張することになる．ただし，無制限に伸びるわけではなく，領海基線から350海里以内であるか，2500m等深線から100海里以内であるか，いずれかを満たしている必要がある．いずれにしても，領海基線から200海里といった単純な規定ではなく，大陸棚の限界を確定するためには地形学的および地質学的調査に基づく科学的な解析が必要となる．

　領海基線から200海里を超えて大陸棚を設定しようとする国は，定められた期限までに根拠となる資料を添えて大陸棚限界委員会に提出し，勧告を受ける必要がある．日本では，200海里を超えて大陸棚を設定できる可能性を探るため，海洋法条約批准前の1980年代から大陸棚調査が行われてきた．日本に関する資料提出期限が迫ってきた2000年代に入ってからはこの調査が加速され，2009年5月の締切りまでに大陸棚限界委員会に対して申請が行われた．ここには，沖ノ鳥島を起点に領海基線から200海里を超える海域も含まれている．沖ノ鳥島など離島の存在は，前述の排他的経済水域の設定に加え，大陸棚の限界画定に関しても非常に重要であることがわかる．

11.2.2 海洋の科学的調査

　海洋法条約第XIII部「海洋の科学的調査」は，第238条から第265条までの条文で構成されている．ここでは，海洋の調査研究に携わる者として承知しておくべきいくつかの規定を取り上げて述べる．

　まず総則（第238〜241条）で，どの国も（地理的場所を問わない，つまり海岸線を持たない国も含む），あるいは権限のあるどの国際機関もルールに従って海洋の科学的調査を行う権利があると明確に示し，この条約に従って海洋の科学的調査の発展を目指すべきものとされている．そして，調査実施の前提条件として，平和目的，条約に抵触しない手段，他の適法な海洋活動の不当な妨害の禁止，海洋環境保全への配慮，が挙げられている．第242〜244条では，平和目的の海洋調査に関して国際協力を促進すること，調査の実施を容易にするような環境作りをすること，調査に関する情報やデータを公開すること，

11.2 国連海洋法条約

などがうたわれている．

第244条（領海における調査）と245条（排他的経済水域における調査）は，沿岸国による調査の規制などに関する規定で，研究者にとって重要な部分である．領海については，「沿岸国は主権の行使として自国の領海における海洋の科学的調査を規制し，許可し実施する排他的権利を有している．領海における海洋の科学的調査は，沿岸国から明示的同意が得られ，沿岸国の定める条件による場合に限り調査できる」とされる．一方排他的経済水域および大陸棚では，「沿岸国は，管轄権の行使として，海洋法条約の規定に従って，科学的調査を規制し，許可し実施する権利がある」ものとされ，当然のことながら領海における調査よりも規定ぶりが緩い．「排他的経済水域および大陸棚の調査は，沿岸国の同意を得て実施する」とする一方で，「平和的目的で，すべての人類の利益のために海洋環境に関する科学的知識を増進させるために実施する海洋の科学的調査については，通常の状況においては同意を与える」と書かれており，基本的には同意するのだという原則となっている．同意を与えない場合の理由も列挙されており，天然資源の開発等への直接的な関連，大陸棚の掘削，爆発物や環境に対する有害物質の使用，人工構造物などの構築，調査計画に関する情報が不十分または不正確，以前の調査における義務が不履行，などである．

第247条は，国際機関が主導するような調査計画に関する規定である．沿岸国が承認した，あるいは自ら参加する計画で，国際機関の主導で行われる調査の場合は，沿岸国に調査計画を通知してから4か月以内に反対表明がなければ同意を得たものとすることとされている．もちろん，この規定は領海における調査には適用されない．

第248〜253条では，調査を行う側の義務や，実施にあたっての手続きなどを規定している．例えば，沿岸国に対して6か月前までに所要の情報を盛り込んだ計画許可申請を出すこと，希望があれば沿岸国の関係者を調査に同乗（調査船等の場合）させること，サンプルやデータを合理的に可能な範囲で沿岸国の求めに応じて提供すること，などである．なお，第252条では「黙示の同意」が規定されている．これは沿岸国に対する調査許可申請から6か月経過するまでに，沿岸国が同条に定める通報を行わない場合は，当該調査に対する同意が得られたものとみなして調査を進めてよいとするものである．

これらの条文が採択されるまでには，長い議論と意見調整があったものと考えられる．極めて単純化して述べるならば，できるだけ自由に科学的調査を展開したいと考える先進国グループと，自国の沖合い海域で先進国の科学者が何ら制限なく調査を行うことに対して警戒感を持つ途上国グループとの議論の結果であるといえる．ここで解説した規定を含め，海洋法条約における海洋の科学的調査について充分に把握したうえで調査計画の策定に臨む必要がある．

11.3 海洋基本法

　2007年4月20日，第166通常国会において海洋基本法が可決，成立した．その後，同年7月20日の「海の日」に施行された．海洋に関する調査研究を含む我が国の海洋政策において画期的なことである．1994年に海洋法条約が発効し，そのもとで国際的な海洋に関する秩序，枠組みが形成されていく中で，総合的な海洋政策を進めるための国内体制整備の必要性が指摘されるようになった．特に2002年ごろからは，日本財団や海洋政策研究財団の設置した有識者による検討会が，海洋基本法制定に向けた具体的な提言を次々に発表し，こうした活動が原動力となって議員立法による基本法制定に結び付いたと言える．海洋基本法の制定に至る背景や経緯，内容と意義については，2008年版海洋白書（海洋政策研究財団発行）に詳しい解説が掲載されている．また，海洋基本法の制定を契機に，海洋の諸問題に関する国内外の法制上の論点について，法律雑誌「ジュリスト」が2008年10月号で特集を組んだ．これらの文献を併せて参照していただきたい．ここでは，海洋基本法とそれに基づいて策定された海洋基本計画の内容や意義について，海洋の調査研究を進める立場から整理を試みる．

11.3.1 海洋基本法の概要

　海洋基本法（以下本項において「基本法」という）は，以下の4章，全38条と附則で構成されている．

　第1章 総則
　第2章 **海洋基本計画**

11.3 海洋基本法

第3章 基本的施策

第4章 **総合海洋政策本部**

第1条に基本法の目的が述べられている．長い一文であるが引用してみる．「この法律は，地球の広範な部分を占める海洋が人類をはじめとする生物の生命を維持する上で不可欠な要素であるとともに，海に囲まれた我が国において，海洋法に関する国際連合条約その他の国際約束に基づき，並びに海洋の持続可能な開発及び利用を実現するための国際的な取組の中で，我が国が国際的協調の下に，海洋の平和的かつ積極的な開発及び利用と海洋環境の保全との調和を図る新たな海洋立国を実現することが重要であることにかんがみ，海洋に関し，基本理念を定め，国，地方公共団体，事業者及び国民の責務を明らかにし，並びに海洋に関する基本的な計画の策定その他海洋に関する施策の基本となる事項を定めるとともに，総合海洋政策本部を設置することにより，海洋に関する施策を総合的かつ計画的に推進し，もって我が国の経済社会の健全な発展及び国民生活の安定向上を図るとともに，海洋と人類の共生に貢献することを目的とする．」読んでわかる通り，海洋法条約の発効を明確に意識し，その枠組みの中で海洋に関する総合的政策を進めて海洋立国を目指すとしている．

第1章「総則」の，第2条から7条に基本理念が示されている．すなわち，「海洋の開発及び利用と海洋環境保全の調和」「海洋の安全の確保」「海洋に関する科学的知見の充実」「海洋産業の健全な発展」「海洋の総合的管理」「海洋に関する国際的協調」である．このうち，海洋の調査研究に直接関係する第4条については，別項で詳しく述べる．第8条～12条には，国，地方公共団体，事業者，国民それぞれの責務と関係者間の連携が規定され，関係する各層の役割分担が明示された．その後13条「海の日の行事」，14条「法制上の措置等」，15条「資料の作成及び公表」と続く．

第2章は第16条だけであるが，ここに「政府は，海洋に関する施策の総合的かつ計画的な推進を図るため，海洋に関する基本的な計画（以下「基本計画」という．）を定めなければならない．」と，基本法の理念を実現するための具体的施策を作ることが定められている．この規定を受けて，2008年3月に約40ページからなる基本計画が策定された．2008年からの数年の間に取り組むべき施策が記述されており，財政事情等の条件もあるので全ての施策が同程

度の重要度とはいかないものと思われるが，実行に移されるはずだ．これら施策の実施状況や社会情勢の変化を受け，この基本計画は数年後に改訂されることになる．

　第3章には，第17条から28条まで，12条にわたって基本的施策が列挙されている．この種の基本法としては珍しく，具体的な政策の方向に踏み込んだ内容になっている．表題だけ列挙すると，それぞれ条文に対応して「海洋資源の開発及び利用の推進」「海洋環境の保全等」「排他的経済水域等の開発等の推進」「海上輸送の確保」「海洋の安全の確保」「海洋調査の推進」「海洋科学技術に関する研究開発の推進等」「海洋産業の振興及び国際競争力の強化」「沿岸域の総合的管理」「離島の保全等」「国際的な連携の確保及び国際協力の推進」「海洋に関する国民の理解の増進等」の12項目になる．これらの基本的施策は，基本法で重視する観点により整理されているものと理解される．もちろん個々に独立ではなく，例えば「海洋調査」や「研究開発」は他の全ての項目に共通して推進されるべきものだろう．

　第4章は，総合的に海洋政策を進めるための組織に関する規定である．内閣総理大臣を本部長，官房長官と海洋政策担当大臣を副本部長とする「総合海洋政策本部」を設置すること，同本部の構成員は全国務大臣であること，事務局は内閣官房に置くことなどが定められている．

11.3.2 海洋基本法における海洋調査と研究

　基本法における基本理念の3つ目に「海洋に関する科学的知見の充実」（第4条）が，基本的施策の6つ目に「海洋調査の推進」(第22条)，7つ目に「海洋科学技術に関する研究開発の推進等」(第23条)が挙げられた．基本理念の部分の条文には「海洋の開発及び利用，海洋環境の保全等が適切に行われるためには海洋に関する科学的知見が不可欠である一方で，海洋については科学的に解明されていない分野が多いことにかんがみ，海洋に関する科学的知見の充実が図られなければならない」とある．海洋に関する科学研究の必要性について正当な認識に立っているものと評価できる．

　基本的施策の方を見てみると，第22条において，国は，海洋の状態などを把握するため必要な調査を実施し，そのための体制整備に努めると規定されて

いる．さらに第23条では，海洋科学技術に関して，国が，研究体制の整備，研究開発の推進，研究者及び技術者の育成，関係機関の連携の強化を行うとされている．

基本計画では，「海洋に関する施策についての基本的方針」の項で科学的知見の充実を取り上げて詳しく背景等を述べたうえで，政府が総合的かつ計画的に講ずべき施策の中で「海洋調査の推進」「海洋科学技術に関する研究開発の推進等」の項を設けて具体的な施策に関する記述を行っている．海洋調査の推進に関しては，施策に関する4つの柱，すなわち「海洋調査の着実な実施」「海洋管理に必要な基礎情報の収集・整備」「海洋に関する情報の一元的管理・提供」「国際連携」が掲げられた．また，研究開発の推進に関しても，「基礎研究の推進」「政策課題対応型研究開発の推進」「研究基盤の整備」「連携の強化」の4つを施策の柱とした．これらの記述において，基礎研究に対する理解の姿勢や，調査研究プラットフォームとしての調査船の重要性が明記されている点は，研究者の立場から評価できる．厳しい財政事情の中で，これらを含む各種の施策がどれだけ実際に予算化され実行されるか，それが問題である．

基本計画において特に大きく取り上げられたのは「**海洋情報**」である．基本法第22条第2項に「国は，地方公共団体の海洋に関する施策の策定及び実施並びに事業者その他の者の活動に資するため，海洋調査により得られた情報の提供に努めるものとする．」という記述がある．このように海洋情報の重要性が明記された意義は大きい．基本法ではこの1箇所にのみ登場する「情報」の語であるが，基本計画では「海洋情報の一元的管理・提供」といった文脈で繰り返しその重要性が強調されている．2008年策定の海洋基本計画の中で，策定後の数年間，特に重点的に「海洋情報の一元的管理・提供」の体制整備に取り組む姿勢が示されているものと思われる．

11.3.3 海洋基本法と国民生活

何らかの形で海洋に携わる者には画期的な出来事といえる海洋基本法の成立であるが，一般的な国民生活に無縁の法律というわけではない．基本法第11条に，「国民は，海洋の恵沢を認識するとともに，国又は地方公共団体が実施する海洋に関する施策に協力するよう努めなければならない．」と，国民の責

務が規定されている．努力規定に過ぎないので，国などの海洋施策に協力しなくても罰せられたりすることはないが，海洋と一般国民との関係に触れた意義深い一文である．基本法を制定して，国は海洋に関する施策を推し進めようとしているものの，広く国民の理解なしには実行は難しい．そのため，基本法には若干唐突と見えなくもない箇所に「海の日」の行事をしっかり実施するという趣旨の規定（基本法第13条）が盛り込まれているほか，基本的施策の中で「海洋に関する国民の理解の増進等」に1条を充てている（基本法第28条）．この条項の第2項は専門家の育成に関することだが，第1項はまさに国民一般を対象として海洋に関する理解の増進を図ろうという規定である．

基本法に国民の責務が規定され，海洋に関する国民の理解を進めると規定されているという直接的な意味だけで基本法が国民生活に関係していると言うつもりはない．周囲を海に囲まれているという地理的，物理的な条件は，日本の社会，国民生活に極めて大きな影響があることは言うまでもない．日本に出入りする多くの物資を海運に依存し，これは当面変わらないと思われる．また，水産物という食料資源，豊富な水資源の元となる周囲の海など，我々が享受している海洋の恵沢はいくつもある．化石燃料の賦存量の限界，新進工業国の産業構造・社会構造の変化などに起因して，エネルギー資源や鉱物資源の需給逼迫が指摘されており，現在はコスト面で折り合わず利用されていない海洋の資源の開発が必要であるという強い主張も聞かれる．遠くない将来，国土を取り囲む海の環境を保全しつつ海洋の資源をうまく利用することが日本の存立を維持する道になる，というのは確度の高い予測であると思われる．「海洋の開発及び利用が我が国の経済社会の存立の基盤であるとともに，海洋の生物の多様性が確保されることその他の良好な海洋環境が保全されることが人類の存続の基盤である」これは筆者個人の主張ではない．基本法第2条の一部である．

11.4 いくつかの関係法令

ここまで，海に関する憲法とも言うべきものについて述べた．国際的には国連海洋法条約であり，国内は海洋基本法である．海洋に関する活動に直接的に作用する個別の国内法令は非常にたくさんある．海洋の活動といっても，目的

11.4 いくつかの関係法令

によって関係する法令等は大きく変わるだろう．ここでは，海洋の調査などを行う場合に関係の深い法令，海洋環境保全に関する法令をいくつか例として取り上げ，調査や環境保全に係る活動に関係する箇所の記述に留める．それぞれポイントとなりそうな部分に限って規定の趣旨を示すものであり，条文の文言を必ずしも正確に引用しているわけではないので，実際の調査研究，その他の海洋に関する活動を実施する際には，ここに取り上げるもの以外の関係法令や国際条約等も含め，関連の規定等を十分確認していただきたい．

11.4.1 海上交通三法

海上活動のうち主として船舶の航行などに関する法律として，「**海上衝突予防法**」「**海上交通安全法**」「**港則法**」がある．これらを総称して**海上交通三法**と呼ぶことがある．船舶が安全に航行するためのルールを規定したもので，一般には海上衝突予防法が適用され，特に船舶が輻輳する瀬戸内海などの特定の海域では海上交通安全法が，政令で指定された港湾内では港則法が適用される．

例えば，調査船が停船しケーブルで海中に測器を吊り下げて観測をしているような場合は，「操縦性能制限船」にあたり，海上衝突予防法に定める形象物を掲げることが決められている．その他，船舶同士の衝突を防止するため国際条約（1972年の海上における衝突の予防のための国際規則に関する条約）で決められていることを日本国内法で担保するため，航法や灯火，信号などについて多くの決まりがこの法律に書かれている．

海上交通安全法は，船舶の輻輳する東京湾，伊勢湾，瀬戸内海（大阪湾を含む）に適用される．港の中は次に述べる港則法等の適用を受けるため除外されるほか，漁業に関係する海域が一部例外となっている．適用海域のうち航路として指定されている場所で調査などの作業を行う場合は，海上保安庁長官の許可が必要となり，航路以外の海域では届出が必要である．

港則法は港の中での安全や港内の整理を目的として制定された法律である．政令で指定された特定港の中あるいは境界付近で調査などの作業を行う場合は，港長（所管の海上保安部長または署長）の許可を得て行う必要がある．2009年12月現在，全国で約80の港が特定港として定められている．

11.4.2 海洋汚染防止法

正式名称は「海洋汚染等及び海上災害の防止に関する法律」である．海洋調査に関係する部分として，船舶から油類や有害液体物質を排出してはならないという規定がなされている．調査船上で化学分析などに用いる薬品類はほとんどすべてが有害液体物質に該当するものと考えて差し支えない．従って，これらを海中に排出することは許されず，船内では適切に保管管理し，帰港後陸上で適正な処理を行う必要がある．また，海上における廃棄物の投棄などについても詳細なルールが定められているので，それに従って処理等を行うことが求められる．

11.4.3 漁業調整規則

調査研究目的で海洋生物を採取する場合，都道府県等が定める漁業調整規則に従って「**特別採捕**」の申請を行い許可を受けて行う必要がある．これは，漁業法第65条と水産資源保護法第4条の規定に基づいて各都道府県等が定める規則による．漁業法第65条では漁業の取締まりや調整のため，また，水産資源保護法第4条では水産資源の保護のため，必要である場合に農林水産大臣または都道府県知事が特定の魚種の採取や漁法を禁止したり許可制にしたりすることができることとされている．対象となる生物種，時期，その他の事項についてそれぞれの地域の規則で詳細に規定されているため，注意が必要である．

11.4.4 水路業務法，気象業務法

水路業務法は，**水路測量**の成果をはじめとする海洋の科学的基礎資料を整備して海空交通の安全に役立てるために制定された．同法第6条で，海上保安庁以外の者が行う水路測量については海上保安庁長官の許可を受ける必要があるとされている．但し，学術目的の測量など国土交通省令で定めるものは許可を得る必要はない．省令では，第2条第1項に「地球物理学，海洋学，地形学，地質学及び生物学の調査及び研究のために水路測量を行う場合」とあり，学術的な調査研究において行う測量はこれにあたるものと解される．これに当たらない可能性があると思われる場合などには，確認をする必要がある．

11.4 いくつかの関係法令

　気象業務法は，気象業務に関する基本的制度を定めて気象業務の健全な発達を図り，防災，交通安全，産業隆興など公共の福祉に役立てることなどを目的に制定された．同法第6条で，気象庁以外の者が行う**気象観測**について，国土交通省令で定める技術上の基準に従うべきものとされている．但し，気象庁以外の政府機関や地方公共団体の行う気象観測で，研究，教育などの目的で行うものは適用除外となっている．また，政府や地方公共団体以外の者が行う気象観測で，成果を公表するため，または災害の防止に利用するためのものは技術基準を満たす必要がある．

11.4.5 海岸漂着物処理推進法

　正式名称は「美しく豊かな自然を保護するための海岸における良好な景観及び環境の保全に係る海岸漂着物等の処理等の推進に関する法律」という．2009年7月に施行された．

　漂流・漂着ごみの問題は1980年代から徐々に顕在化し，ここ数年は各方面で大きな問題として取り上げられるようになってきていた．特に，冬の季節風により日本海側の海岸に大量に漂着して堆積するごみは繰り返し報道され，その対策が求められていた．問題は認識されながらも，法令上の制度整備が追い付いておらず，本格的な対策が進んでいなかったが，近年になって，環境省，国土交通省，農林水産省など関係省庁が対策に本腰を入れるようになり，実態調査や現地海岸での清掃作業が組織的に行われるようになってきている．

　こうしたことを背景として，海岸漂着物処理推進法が制定された．同法第1条に「海岸における良好な景観及び環境の保全を図る上で海岸漂着物等がこれらに深刻な影響を及ぼしている現状にかんがみ，海岸漂着物等の円滑な処理を図るため必要な施策及び海岸漂着物等の発生の抑制を図るため必要な施策（以下「海岸漂着物対策」という．）に関し，基本理念を定め，国，地方公共団体，事業者及び国民の責務を明らかにする」といった目的が示されている．第9条〜11条で，これまで対策を考える際の障害になっていた関係部門の責務を明確にし，併せて第17条で処理の責任の所在を明確にした意義は大きい．

　法律を整備して国が本格的に対策に乗り出すまで，現場における清掃活動や問題の啓発活動に主導的役割を果たしてきたのは，多くはボランティアベース

の民間団体である．その代表的なものが全国クリーンアップ事務局（JEAN）であり，その活動に対する評価は極めて高い．第25条で「民間団体等との緊密な連携の確保」をうたい，さらに第29条「財政上の措置」でも，その第3項で「海岸漂着物対策を推進する上で民間の団体等が果たす役割の重要性にかんがみ，その活動の促進を図るため，財政上の配慮を行うよう努めるものとする」と明記された．努力規定に過ぎないので実効性に不安もあるが，規定の趣旨を踏まえた取り組みが期待される．

　漂着ごみの根本的な対策は言うまでもなく発生源の抑制である．同法でも第22条～24条に漂着物発生の抑制に関する規定を設けている．我々一人ひとりは，海洋における活動を行う場合に，漂流漂着ごみの原因物を流出させることがないように努める必要がある．一旦漂流を始めたごみ類の回収は容易ではなく，海流や海上風の作用などでごみの発生国以外の海域や海岸に影響を及ぼす．他国で流出した漂流ごみが我が国の海岸に漂着して大きな問題になっているが，我が国から流出したごみが太平洋沿岸諸国に漂着している実態にも目を向ける必要がある．漂流漂着ごみ問題の解決に向けた国際協力はようやく緒についたところであり，今後の強力な取り組みが期待される．

COLUMN

海里とマイル

　海で距離を測るとき，理科系の人がふつうに使う単位「SI」で用いるメートル「m」とはしばしば異なる単位を用いる．これが海里で，昔は，「浬」という漢字を用いたこともある．英語では［mile］であるが，アメリカ合衆国でふつうに使われているマイルとは距離が異なるので，［nautical mile］と呼ぶこともある．表記は［NM］［nmi］などである．元々の定義は，地球の表面に描ける一番大きい円（たとえば赤道）の上の1分の長さであった．こうすることで，海図上で緯度経度の差からどれくらいの時間で船がたどり着けるかが分かる．地球は完全な球形ではないので，現在は1［NM］=1852メートルとしている．また，時速1マイル=時速1852メートルの速さを1ノットという．

11.4 いくつかの関係法令

COLUMN

水深と山の高さ

　山の高さなど標高の基準は平均海面で，日本の場合，東京湾の平均海面の高さを基準にして，そこからの高さで富士山の標高3777メートル，などという．では，海図に載っている水深はどこから測った深さだろう．水深の基準になる高さは平均海面ではなく，干潮のときの海面になっている．これは，海図に記された水深の値を頼りに航行する船舶が，干潮にあたって水深が最も浅くなったときでも座礁などすることがないように，このように国際的に決められているのである．ちなみに，東京港に架かっているレインボーブリッジなど，その下を船が航行するような橋について，海面から橋げたまでの高さは満潮時の海面を基準にしたものが海図に記載されている．理由はおわかりと思う．

参考文献

「海洋法 展開と現在」水上千之，有信堂，2005．
「海洋法テキストブック」島田征夫・林司宣，有信堂，2005．
「海洋をめぐる世界と日本」村田良平，成山堂，2001．
「海洋問題入門」海洋政策研究財団，丸善，2007．
「海洋白書2008」海洋政策研究財団，2008．
「海の国際秩序と海洋政策」栗林忠男・秋山昌廣編著，東信堂，2006．
「海上保安法制」山本草二編集代表，三省堂，2009．
"Continental Shelf Limits", Cook, P. J. and C. M. Carleton, Oxford Univ. Press, 2000．
「特集 海・資源・環境」奥脇直也，小寺彰ほか，ジュリスト，1365，2008．

第12章 船もめぐる

12.1 はじめに

　船は私たちが海を利用する際に欠かせない乗り物であるが，水に浮かぶという振る舞いが単純すぎるせいか，船の役割や能力についての教育は少ないように思われる．船はその進化の過程で「スピード」と「積載量」の向上が求められてきたが，船の役割を捉えるには「貨物の多様化」と「安全性」にも注目すべきである．これらの進化はしばしば経済的な変革をもたらし，その延長上にいまの我々の生活が存在している．本章では，いくつかの種類の船とその使われ方を紹介し，また船の設計時に考慮すべき技術的な要素を取り上げることで，社会の中で船が発揮している能力を明らかにすることを試みる．それぞれについて，意図とするところを以下に少々詳しく説明する．

　現代社会における船の役割のひとつは，貨物の輸送によって経済を支えることにある．安定かつ経済的な輸送を実現するためには，多種多様な船種が必要である．ところで，実際に貨物船を目にした時に，それが何を運ぶ船か分かるだろうか．一般的に貨物船は，性能や安全性に加え，貨物の種類による輸送形態の違い，積載量の最大化，あるいは荷役効率向上のために，それぞれの貨物の種類に特化しつつ多種多様な条件に対して高度に折り合いをつけた形状になっている．そのいくつかの具体例を挙げることで，船の使われ方や役割の実態が理解されることを望みたい．

　一方，船，特に大型船の建造には金銭的あるいは時間的コストがかかり，船主にとってその建造は投機的なものになる．また，長期に渡る運航を経済的かつ安全に行うためにも，船の性能や装備は念入りに計画されなければならない．では，計画の際には具体的に何を考えるのか．優れた船というのはどのような船のことか．これらの答えを得るためには，多少の工学的な視点を必要とする．以下では建造時に検討される性能や装備についても基本的な事項を幅広く取り

上げるので，船の能力を理解する一助としてもらいたい．

いかに安全な船があっても，それを安全に運用する技術が伴わなければ，安全な運航はできない．船体というハードウェアに対し，人やシステムといったソフトウェアもまた船の一面と言ってよい．システムが船の安全を支えている例としては，条約や法制，航路整備や船舶検査，保険等が挙げられる．ただし，これらの点は本章の扱う範囲を超えるため，概略のみにとどめ詳細は割愛する．

12.2 船の輸送形態　〜貨物を例として〜

12.2.1 バラ積み貨物を運ぶ

日本は海に囲まれた島国であり，私たちの食糧の原料，家畜飼料，工業原料は多くを海外に依存している．代表的なものは小麦やトウモロコシ，鉄鉱石や石炭等であるが，これらの貨物の共通点は大量の粉粒体ということであり，もっぱら船体に直接注ぎ込んで輸送する形態がとられる．このような積み方を**バラ積み**といい，こうした形態の貨物を運ぶ貨物船はバラ積み船あるいは**バルクキャリア**という．バルクキャリアは貨物船の基本形のひとつであり，世界の

図12-1　バルクキャリア（バラ積み船）（© Mitsui Engineering & Shipping Co., Ltd）

商船船腹量の3割近くを占めている．

　粉粒体は固形でありながら時に液体のように扱えるため，バルクキャリアの荷役ではポンプやベルトコンベヤーを用いることもあるが，この方法は袋詰めやクレーンで積み込むよりもはるかに効率的である．一方で，液体状の振る舞いは，航海中の動揺で動き回ってしまうため，本来海上輸送には不向きである．例えば，積荷の片寄りによって転覆の危険が生じ，積荷によっては擦れ合うことで摩耗や時に発火することもあるため，通常船倉の断面形状は積荷の動揺を防ぐために長方形の四隅をカットした八角形になっている．

　バルクキャリアは，鉱石運搬船や石炭運搬船のように特定の貨物に特化したものもある[1]が，原則として様々な積荷に対応する．比重の大きい荷を積む場合は船倉が一杯になる前に積載限界に達してしまうため，過積載になるおそれがある．船の過積載は安全性を著しく損なうため，一般的に船の側面中央には必ず喫水マークが標示されており，そのマークが没水するまで荷を積むことは禁止されている．喫水は水の塩分濃度や温度でも異なるので，淡水か海水か，また夏季か冬季かによる喫水がそれぞれ標示されている船もある．

12.2.2 コンテナを運ぶ

　海上輸送には定期便と不定期便があり，バルクキャリアには不定期便も多いが，決まった貨物を決まった時間に届ける定期便には**コンテナ船**がよく用いられている．コンテナは陸海一貫輸送に向き，コンテナ自体に冷蔵や冷凍の機能を付加することもできるので多種多様な貨物にも対応できる．最近コンテナ船の需要及びコンテナの流通量はますます増加しており，貨物船の中では花形であるといってよい．

　コンテナ船は，駅ともいうべきコンテナターミナルを発着するが，そこが陸上輸送との結節点ともなっている．コンテナターミナルでは，内容，保管場所，船のスケジュール，発着地等のあらゆる情報が，ターミナルコンピューターシステムに集約される．システムは，ターミナル内でのコンテナの効率的な動かしかた，搭載順序や搭載位置を提案でき，この中では船のバランスも自動的に計算される．システムの進歩に伴いターミナルでの荷役作業が最適化された結

---

[1] 鉄鉱石は特に比重が大きいので，喫水差のため他の貨物と兼用する船は造りにくい．

12.2 船の輸送形態　〜貨物を例として〜

図12-2　コンテナ船（© Mitsui O.S.K. Lines）

果，国際貨物がコンテナ船で入港してから陸上輸送のルートに乗るまで，各種手続きを含めてわずか1〜2日である．さらに，世界各地のコンテナターミナルで24時間稼働が行われるようになったことも海上輸送の効率とスピードの向上に寄与している．

　最近のコンテナ船は大型化が進んでおり，そうした船は普通の港には入港できない場合がある．従って，世界の各地を結ぶ大型コンテナ船は自ずと大型の港を結ぶようになり，貨物はそこで小分けされ，別船で消費先の港へ届けられる．こうした輸送形態において，大型のコンテナ船が入港でき，コンテナの積み替え等ができる港を**ハブ港**という．ハブ港から消費地へ向かうルートは車輪のスポークのようであり，こうした物流ネットワークを**ハブ・アンド・スポーク**と呼んでいる．ハブ港には国際貨物が集まり，結果的に運送コストが下がるので，ハブ港を持つ地域は大きな経済的メリットを享受することができる．

12.2.3 液体貨物を運ぶ

　視点を資源に転じると，世界で広く使われているエネルギー資源は主に原油とLNG（液化天然ガス）であり，実際に私たちが身近に利用するのは軽油，ガソリン，LPG（液化石油ガス）等の精製品である．これらの液体貨物を運ぶ

図12-3 オイルタンカー（© IHI Marine United Inc.）

船を**タンカー**と呼ぶ．タンカーは大型船の代名詞として馴染み深いが，積荷や大きさによって多くの種類がある．特に油類の輸送に用いられるものは総じて**オイルタンカー**と呼ばれるが，これらは原油を運ぶ原油タンカーと精製後の油用のプロダクトタンカーに大きく分けられ，また大きさによってアフラマックス（載貨約8〜12万トン），VLCC（Very Large Crude oil Carrier，載貨16万〜32万トン），ULCC（Ultra Large Crude oil Carrier，載貨32万トン以上）等の呼び方もよく使われている．一方，LNGを運ぶ**LNGタンカー**は比較的新しい船種であり，LNG流通量の拡大に伴って多様な形状・形態が開発されている．原油価格の高騰や枯渇問題によって天然ガスは近年注目されており，LNG以外にも液化せずCNG（圧縮天然ガス）として輸送する船や，NGH（天然ガスハイドレート）を輸送する船の開発も進んでいる．

　これらの液体貨物は，可燃性及び毒性といった性質上，火災予防はもちろんのこと，揮発する石油ガスや航海中の油温上昇による膨張への対策が必要で，貨物船の中では最もデリケートな部類に入る．また，タンカーの船体損傷による油の流出は大規模な海洋汚染を引き起こし，船の事故としては最悪のケースのひとつである．そのため，タンカーの建造や運航には国際条約や各国の法規，業界による技術基準等が数多くあり，コンプライアンスが厳格に求められてい

12.2 船の輸送形態　～貨物を例として～

図12-4　LNG船（MOSS型）

る．

　LNGは天然ガスを-162℃以下に冷却して液化したものである．体積はガスの1/600で船による輸送に適しているが，タンクは長い航海中の熱の流入を極力防がなければならず，様々な形状や断熱方式が考案されている．日本では独立球形タンクを搭載したMoss型というLNG船が多く見られるが，球形には熱が出入りするタンク表面積が最小である等の利点がある．一方，船殻内壁に断熱材と薄い金属膜を敷き詰めてタンクとするものをメンブレン型と呼び，船型の自由度が高く船としての性能を向上させられる．

　LNGの生産から消費に至る一連の流れを **LNGチェーン（LNGバリューチェーン）** というが，LNGチェーンには大規模な投資が必要である．LNG船ターミナルでは液化設備と気化設備，極低温の貯蔵設備が必要である．LNG船自体についても，船によっては発電機としてガスタービンを搭載したり[2]，タンクや管に低温脆性の問題が少ないステンレスやアルミ合金を使用する．運用上も，タンク内の温度や圧力を細かに監視・調整したり，専門知識を持つ乗員を多く配乗する必要がある．このようにLNGの海上輸送は高コストであるが，将来性豊かな資源であるため，LNG船の建造を含めたLNGチェーンへの投資は世界中で伸びつつある．

---

[2] LNGが輸送中にいくらか気化してしまうので，そのガスを燃料として消費できる利点があるからである．

12.2.4 車両を運ぶ

　私たちにも身近な**カーフェリー**は自動車の運搬を想定した船[3]で，大型のものでは鉄道車両を運ぶものもある．実は貨物としての車両は厄介な積荷のひとつであり，サイズや形が不統一で，容積の割には重量が軽く，個々に固縛が必要で，間隔をあけて配置しなければならない．日本は自動車生産国で完成車を大量に輸出するが，フェリーを含め通常の貨物船では積載効率が低いことに加え，航海中の環境も製品によって好ましくないため，自動車メーカーが先導して専用の運搬船が開発され，現在では一度に6,000台以上の完成車を運べるようになっている．

　このような自動車運搬船は**PCC（Pure Car Carrier）**と呼ばれ，Pureというのは自動車のみを貨物としていることを意味する．貨物区画は完成車を潮風から守るために覆われており，満載しても喫水が比較的浅いために，高い箱のような外観を持ち海上では特に目立つ．船内は大きなものでは10層以上に分かれており，すなわち10階建ての立体駐車場が船となって動いていることに相当する．PCCは日本の年間輸出台数400万台超[4]を支えている船である．

　PCCの荷役は自走式である．通常の貨物はクレーンやコンベヤー等で積み降ろしされるが，自動車は自走できるので人が運転して積み降ろしした方が早いため，PCCには載荷用のクレーンやハッチ等の設備はなく，代わりに大きなランプが装備されている．この方式だと，通常2日で数千台の荷役を完遂することができる．

　自走を利用した荷役は陸送用の貨物トラックでも有用で，長距離の場合はトラックごと船に積み，届け先の最寄りの港まで運ぶ方法もよく見られる．トレーラーであれば，貨物部分だけを海上輸送し，揚地では別のトレーラーヘッドで目的地へ運ぶという方法がとられる．このように車両が船内に自走して出入りする貨物船を**RO/RO貨物船**[5]といい，PCCやカーフェリーもその一種といえる．RO/RO船はフォークリフトで積み込む貨物や，建設機械を運搬す

---

3) 旅客（13名以上）を搭載すれば法規上は旅客船である．貨客船という言い方もある．
4) 2009年度年間輸出台数．日本自動車工業会．
5) RO/ROとはRoll On/Roll Offの意味で，貨物自身で乗降する荷役方式のことである．

12.3 安全な船を造る

図12-5　自動車運搬船（© Mitsubishi Heavy Industries Ltd.）

る際にも使われる．日本ではモーダルシフト[6]が政府主導で進められ，端的には自動車や航空機による輸送を鉄道や船舶に移行することが想定されているが，RO/RO船は荷役時間が短く，対応貨物が多彩で，陸上側に特別な施設がなくても荷役ができるので，モーダルシフトに適する海上輸送手段のひとつである．

12.3 安全な船を造る

12.3.1 性能の要素

　船は飛行機と比べて安全と思う人が多いかもしれないが，自然から受ける外力という観点からは，船は飛行機よりも条件が悪い乗り物である．船の安全を確保するためには様々な要素があるが，まず性能を常に一定以上のレベルで維持することが必要である．この性能面の要素には，推進性能，操縦性能，復原性能，耐航性能があり，船の設計時にはこれらについて広範囲に検討が加えられている．

　推進性能はもっぱら船の速力に関する基本的な設計要素であるが，安全性を

---
[6] 環境対策や輸送コスト削減を目指して，従来の輸送方法を転換すること．

図12-6 プロペラに発生するキャビテーション（© National Maritime Research Institute）

考慮すると推進力の保持にも力点が置かれる．船は動けなければ荒天，浅瀬・岩礁，他船等を避けることができなくなるので，突然推進力を失うと人の生死に関わる事態に陥ることがある．推進力を失うケースには，プロペラの損傷，主機関の故障，燃料の流失等があるが，中でもプロペラの設計では速力と強度を両立させなければならない．プロペラは不均一な流れの中で流体力による繰り返し荷重を受けるため，材質は疲労強度を考慮して決定される．また，高速回転するプロペラでは大抵キャビテーションが発生しており，通常プロペラはそれを抑える形状を目標に設計する．キャビテーションは振動や騒音の原因となるほか，その崩壊衝撃圧でプロペラや舵を損うことがある[7]．多くの場合は既存の実績データから最適形状を推定するが，詳細に検討する場合は模型試験や数値解析で精度の高い推定を行う．また，主機関は通常造船所で航行安全性も考慮して要目が選定され，メーカーに発注される．

操縦性能は主に船の針路の制御能力で，針路安定性や旋回性といった性質である．針路安定性が悪い船では真っすぐ進むために操舵が必要となる．旋回性が悪い船ではゆるやかな旋回のためにも大舵角が必要となり，また応答が遅い

---

[7] 流れ中の低圧部で水が蒸発して気泡を生じる現象をキャビテーション（空洞現象）といい，プロペラにはその崩壊衝撃圧によるエロージョン（壊食）がしばしば見られる．

12.3 安全な船を造る

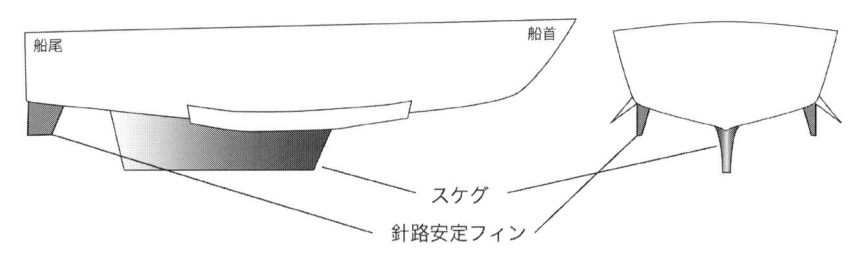

図12-7 船尾付加物の例

ため定常旋回までに長い距離が必要となり，いずれも他船とのすれ違い時や地形が複雑な航路では危険な要素となる．操縦性能は主に船型，プロペラ及び舵の性能に依存し，設計時に船体と流体との干渉を推定して事前検討できるが，フィンやスケグといった船尾付加物によって保針性を改善することもある．また，操縦性能は離着桟時にも重要で，細かな操船が不得手な大型船ではサイドスラスターという横向きの推進器を装備して性能を補助するものもある．

　復原性は船の安全性にとって最も基本的な性質であり，横揺れしたときに平衡位置へ戻ろうとする働きのことである．この性質は，船の重心を作用点とする重力と，没水部分の体積中心（浮心）を通って作用する浮力による偶力に起因する．このモーメントを慣例的に復原力という．復原力は通常ある傾きまでは増大，それを超えると減少し，静的には復原力が0となる角度を超えて傾くと船は転覆する．傾きが小さい範囲では，船体中心線と浮力の作用線の交点は一定となり，その点を**メタセンター**という．メタセンター高さは復原力の性質

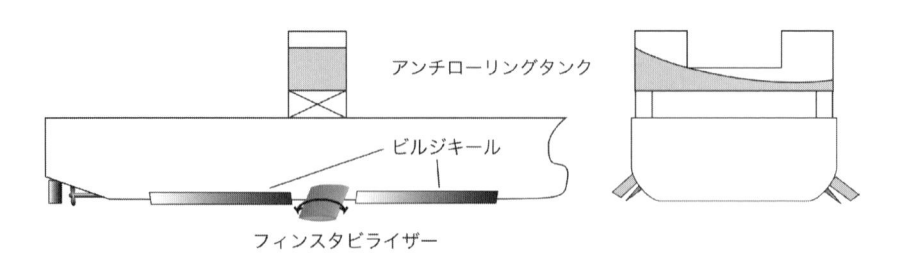

図12-8 減揺装置の例

を端的に表す代表的指標である[8].復原力の大きさのみでなくその働き方も含めて,復原性能ということもある.この性能は基本的には船型で決まり,重心位置等により変化する.一般に幅広・低重心なほど復原力は大きく転覆しづらいが,復原力が過大だと動揺周期が短くなって乗り心地が悪くなり,乗員にも積荷にも悪影響を及ぼす場合がある.

耐航性能とは,風や波浪中での船の挙動や可航性についての性能であり,設計時には風・波に対する船の動揺,船体各部の加速度あるいは外力を検討する.動揺角や加速度には船の構造的な限界,乗員の身体的な限界,積荷や装備の安全性の限界があり,これらと比較するとその船がどの程度の海象まで運航可能かを知ることができる.耐航性能は主に船型に依存するが,動揺等は船の出会い波との相対関係で応答が全く異なる[9].従って,万が一危険な海象となっても操船によって凌げる場合もある.また,ある範囲の動揺は抑制装置により低減することも可能で,そのような装置には例えば,ビルジキール,アンチローリングタンク,フィンスタビライザーがある.

12.3.2 構造・強度の要素

大型の船は通常は鋼船で,素材としては軟鋼,高張力鋼,アルミ合金がよく使われる.金属は少量(薄板)でも形状を保つことができ,強度,工作性,価格を総合するとこれを上回る素材はない.薄い材料で海洋での様々な外力に耐えることができるのは,構造による.一般に鋼船は部材を溶接により接合して組み上げるが,部材の配置や強度が適切でないと浮かべただけで船体が折れてしまう.船の強度の中で最も基本的なものは船体縦強度といい,これは船体が折れないための強度である.縦強度を受け持つ部材の代表格は船底中央の背骨ともいうべきキールで,建造開始時に真っ先に船台に置かれる[10].その上の船体を構成する部材は,フレーム(肋骨)とパネル(外板)である.

開口部等で構造的に弱いところ,あるいは強度のない部材はピラー(柱)やスチフナ(防撓材)等で補強される.実際の船体構造はさらに複雑で,計算機

---
8) メタセンターが重心より上であるほど復原力が大きく,重心より下になると安定に直立できなくなる.
9) 一般的に,船固有の揺れ周期と出会い波が同調した場合に動揺は極大化する.
10) 建造方法にも様々あり,最近ではこれが当てはまらない工法が広く用いられているが,建造開始時のことは今でも慣習的にキールレイという.

12.3 安全な船を造る

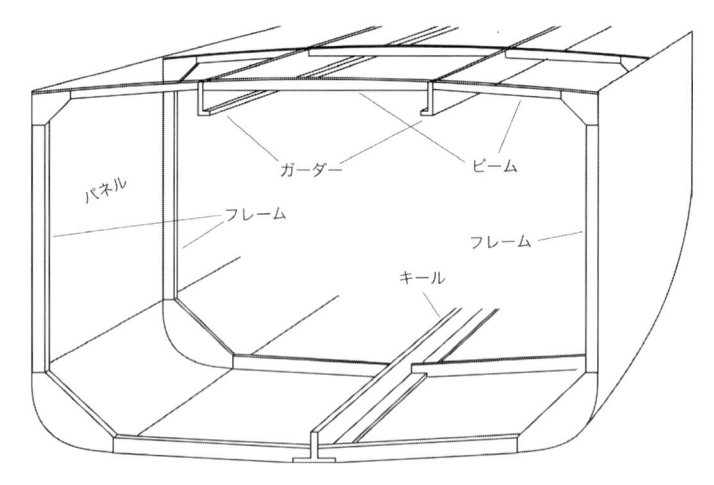

図12-9 構造部材の例

が用いられるまでの設計では船体を簡略化して強度を評価せざるを得なかったが，船がますます巨大化・高速化・多様化する中，1950代の**有限要素法（FEM）**の発達や計算機の進歩に伴い，複雑な構造のままの強度が解析可能になった．今日の造船ではそれによって設計時に部材配置を最適化できるため，強度を確保しつつ軽量化されることで，結果として高速化にも寄与している．

船の構成面では，浸水時の安全性を確保するために区画や**二重船殻（ダブルハル）**が設けられる．区画とは船体内部を隔壁で仕切り，船底に穴が開いてもその区画以上に浸水しないようにするものであり，船種に応じた数の設置が義務づけられている．一方，二重船殻は船底外板と船倉・タンクとの間にスペースを設けることである．ダブルハル化は積荷の量を犠牲にし，また構造を複雑にするが，強度が向上し，事故時の積荷流出被害も抑えられるので，一部のバルクキャリアやタンカー，あるいは氷海域を航行する船舶では，ダブルハル化が義務づけられている．

船体の強度確保については，いくら精密な設計を行っても工作上実現できなかったり，あるいは製作精度が悪いと計画通りの強度を得ることは不可能である．こうした要因は現場の職工のスキルに依存しているが，最近は設計と製造を結合する **CAD/CAM（Computer Aided Design / Manufacturing）**

図12-10　数値構造解析による船体挙動計算例（© National Maritime Research Institute）

の進歩により，設計に基づき工作や組み立てを事前にシミュレーションして問題発生を防ぐ研究も進められている．このように情報化を用いて生産支援することを **CIM（Computer Integrated Manufacturing: コンピューター統合生産）** という．また，部材の付け忘れや溶接の不良等の工作上のミスを防ぐため，通常造船所では品質を管理する専門の部署が工程をチェックしているほか，船級協会や国の船舶検査官が検査を行う仕組みによっても，製品の質が管理されている．

　就航後の船の強度は劣化する．特に鋼船の場合，海水という電解質水溶液に浸されるため，電池の原理によって船体が衰耗してしまう．もちろん防錆・防汚のために塗装をするが，塗装も剥離することがあり，巨大な船体は完璧に被覆することも難しい．そこで通常は，没水部に船体より先に衰耗する金属片（犠牲陽極という）を装着して，船体を保護している．また，波浪により船体が繰り返し曲げを受けるため，部材の疲労強度は事前に検討しておく必要があり，運航中においても応力が集中する部分のクラックや破断がないか監視する必要がある．船は定期的に検査を受ける義務もある[11]が，そうでなくても定期的にドックに入渠して船底を手入れし，衰耗部分をチェックして必要な修繕を

---
11) 日本では船舶安全法及び同法施行規則により検査の種類や対象船舶が規定されている．

12.3 安全な船を造る

図12-11 舵板に取りつけられた犠牲陽極

行うことが，船の安全性の確保には大変重要な作業である．

12.3.3 艤装品の要素

船に装備することを**艤装**といい，その物品を艤装品と呼ぶ．艤装には双眼鏡からマストまでが範疇に含まれ，船殻や機関を除く全てが艤装品といってもよい．その中で特に安全面と関わりが深いものは，航海計器，消火設備，救命設備である．

海上には道路や目標物は基本的にないので，航海計器がなければ目的地へ辿り着くことはおぼつかない．安全な航海のためには，自船と他船の位置・速力・方位，気象の変化，水深等々，幅広い情報が必要である．計器は操船に必要なため，基本的に船橋（ブリッジ）に装備されている．最も重要な方位を知るためには，**ジャイロコンパス（ジャイロ）** が主に用いられている．また，荒天の前触れを知るために**気圧計（バロメーター）** も必ず備え付けられている．

自船の位置を知るためには，古くから天測による天文航法が知られているが，20世紀からは電波航法がそれに完全に取って代わっている．その中でも **GPS (Global Positioning System)** に代表される[12]衛星測位システムは，現在陸海空を問わずに用いられている．現在のGPSの民生用の精度は，**DGPS**

---

[12] GPSはアメリカのシステムである．他にロシアがGLONASS，EU等がGALILEO（2010年完全運用予定）というシステムをそれぞれ運用している．

図12-12 電子海図表示装置（ECDIS）の例（© JRC Nihon Musen）

(**Differential GPS**)[13] であれば3m以下である．GPSは船位を得る目的にとどまらず，複数のアンテナで得た位置情報から方位や角速度を知るGPSジャイロとしても用いられる．また，海の地図である海図も備え付け義務がある重要な用具で，水深や岩礁，沈没船等の情報も記入されているため，これなしには船の運航は大変危険である．最近では**電子海図（ENC: Electronic Navigational Chart）**も発行されており，それを表示する**電子海図情報表示装置（ECDIS: Electronic Chart Display and Information System）**の搭載も進んでいる[14]．

他船の位置を知るために，船にはレーダーが搭載されている．レーダーは他船のみならず，陸地や浮遊物等も昼夜を問わず識別できるので，ブリッジではジャイロやGPSとともに重要な計器である．レーダーの信号は，大抵**ARPA（Automatic Radar Plotting Aids）**のような衝突予防装置で処理され，物標を自動追尾して移動ベクトルとともにディスプレイに表示できる．しかし，レーダーで識別できる情報は限られており，船が輻輳する港湾では多数の船を管制するのに不便である．これを解決するために，2002年より一定の範囲の

---
13) GPSの誤差を既知の目標物の正確な位置情報で補正するものである．
14) 電子海図の利用を促進する目的もあり，2012年7月以降の新造船にはECDISの搭載が義務化されることになっている．

12.3 安全な船を造る

図12-13　砕氷艦「しらせ」に搭載された全閉式救命艇

船には **AIS（Automatic ship Identification System）** の搭載が義務化されている[15]．これは船の名称，サイズ，針路，速力，積荷，航海計画等の多くの情報を自動的に無線で通報するシステムである．新しい機器では ARPA，電子海図，他船 AIS の情報を統合して表示できるものもあり，こうしたシステムによって輻輳海域の安全性が飛躍的に高まることが期待されている．

船舶火災は，海上では逃げ場がなく，燃料・油脂の類を大量に使用している船にとって致命的な事故であるため，防火や消火の設備は適切な場所に適切な規模で備え付ける必要がある．また，船内の仕切り壁，根太，天井内張，通路隔壁等には，不燃材や耐火性能を持つ素材を使用する義務がある．消火のための設備には，一般の粉末式消火器の他にスプリンクラーや消火ポンプ，大型の泡消火器や炭酸ガス等の鎮火性ガス式消火器が使われる．消火ホースは他船でも使い回しが利くように規格に沿ったホース径や継手（ジョイント）となっている．なお，船のどこにどのような消火設備が搭載されているかを示した**火災制御図（Fire Control Plan）**が作られ，必ず船内の見やすい場所に掲示されている．

救命設備には，救命艇，救命いかだ，救命浮器，救命浮環，救命胴衣等があ

---
15) 船種や大きさによって段階的に義務化されることになっている．

る．それぞれ法令により搭載数が定められており，原則として乗船者の全てに対応できるようになっている．また，これらは定期的な検査を受けることが義務づけられており，いざというときに必ず使用できるように制度化されている．救命艇は通常は昇降装置（ボートダビット）に搭載されているが，これは船が傾いても艇を降ろせるように設計されており，その角度や降りる速度，乗り込むためのはしご，設置場所等も法令に沿っている．なお，救命設備の場所等については，火災制御図と同様に**救命設備配置図（Life Saving Appliances Arrangement）**が作られ，船内の見やすい場所に掲示されている．

12.4 安全な運航

12.4.1 航路の安全

　船が世界の東西を結ぶようになったのは15世紀の大航海時代以降だが，以来貿易の拡大につれて短い航路が求められ，技術の成熟した19世紀になるとより大規模な啓開工事が行われた．その代表は**スエズ運河**と**パナマ運河**の建設である．これらは，**マラッカ・シンガポール海峡**及び**ホルムズ海峡**と合わせ，経済の大動脈として多数の船が行き交う要所になっているが，いずれも幅や水深が小さく海上交通のボトルネックになっている．こうした航路を想定する船は一定の大きさ内で建造する必要がある．例えばスエズ運河，パナマ運河，マラッカ海峡を通過できる最大サイズを，それぞれ**スエズマックス**（喫水16m，高さ68m[16]），**パナマックス**（長さ294m，幅32.3m，喫水12m[17]），**マラッカマックス**（喫水23m）と呼んでいる．また，航路の安全を維持するためには，通航作業の他にも補修，浚渫等のメンテナンス，気象・交通情報の提供，セキュリティの確保が不可欠である．運河を保有する国は，こうしたサービスを船に提供する一方で，船側に環境保全や法令遵守を求めたり通航料を徴収する仕組みになっている．

　もうひとつの東西航路として，ベーリング海と大西洋を結ぶ北極海航路があ

---

16) スエズ運河には架橋があるため．
17) パナマ運河は拡張工事中で，完成予定の2014年には最大366m，幅49m，喫水15mまでの航行が可能となる．

12.4 安全な運航

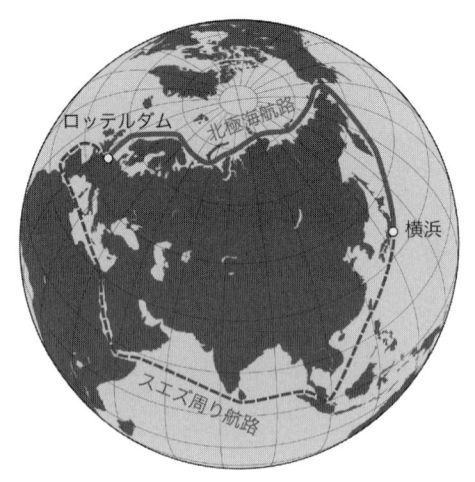

図12-14 北極海航路（北東航路）と従来航路の比較

る．これには北極海のロシア側を回る北東航路とカナダ側を回る北西航路の2通りがあり，例えば横浜・ハンブルグ間はスエズ経由と比較してほぼ1/3の距離になるので，定常的な物流径路となれば経済効果が大きい[18]．船が北極海航路を通航するには，海氷に耐える構造（耐氷構造）や低温環境に耐える艤装が規則によって求められ，運用上では氷中での操船知識も必要である．また，氷の分布や状態を得る手段や，単独で進めない場合の砕氷船によるサポートといった支援を得られることも条件である．

　船の運航に対する直接的な支援には水先制度がある．拠点港湾への出入口は船が輻輳し，安全な通航にはその地形や通航ルール等の知識が必要だが，水先制度とはそれらに精通した**水先人（パイロット）**が通航する船の要求によって乗船し，操船について助言する仕組みである．特に輻輳する港湾では強制水先区が設定され，そこでは必ず水先人を乗船させなければならない．また，主要な海域では陸上施設による管制業務が行われ，詳細な航路情報を提供するとともに，レーダーやAISで動静を監視しつつ，必要なら無線電話で個々の船に呼びかけて助言している．このような交通サービスを **VTS（Vessel Traffic**

---

[18] 19世紀にナンセンの北極海探検で世に知られたが，冷戦中までは国際航路になる見込みはなかった．1990年代より航路啓開が始まり，現在では技術的な障壁も除かれつつある．

図12-15　日本における VTS（海上交通運用管制室）（© Japan Coast Guard）

Service）と呼ぶ．バルト海のように複数の国が面している海域では VTS の情報を各国間で共有し，さらに貨物内容や岸壁施設のスケジュールも統合して，海上輸送網全体での安全かつ効率的な運用計画を行うシステムも稼働している．

一方，船舶自身のほかに運航の安全に寄与している例として，船の運航に欠かせない海図，灯台，標識，気象情報が挙げられる．これらは国際的な取り決めに従って，各国の所轄する機関[19]によって提供や管理がなされている．他にも，修繕のための造船所や業者，船具を供給する商社の存在も船の運航を支えており，世界各地で共通してこのような陸上側の支援が得られることが，安全な海上輸送に大きな力を発揮しているといえる．

12.4.2 船に関する様々な取り決め

航海の歴史は，海難事故の歴史でもある．船による輸送量は今日では巨大な量になっており，高価な積荷も含まれているので，船の遭難による損失は莫大である．そのため，保険の成立は船の運航にとって重要な条件であり，そもそも保険の始まりは中世イタリアの海上保険である冒険賃借とされている．海上保険は，通常は船舶自身の損害保険と，積荷に対する損害保険に大別される．

---
[19] 日本では海上保安庁である．

12.4 安全な運航

ただし，例えば原油タンカーが座礁して流出事故を起こした場合，沿岸の商業，漁業，観光に与える影響は甚大であり，損害賠償額も高額になる．このような賠償責任に対する保険として **P&I（Protection and Indemnity）** 保険があり，これは環境汚染や施設の損傷に対し船側が負う責任をカバーするものである．

19世紀に入って熱機関を搭載する船が帆船に取って代わると，速力や輸送力は増大していったが，それに比べて安全面は進歩が遅かった．1912年にイギリスの客船タイタニック号が氷山と接触して沈没し，乗船者の7割近い約1,500名の犠牲者を出した事故は，国際社会が船の安全を見直す契機となった．そして1914年に定められたのが「海上における人命の安全のための国際条約」通称 **SOLAS（The International Convention for the Safety Of Life At Sea）条約** である[20]．この中では，船の構造的な要件，防火，救命，無線等の備え付け，退避訓練の義務づけ，そして安全性の検査までを網羅する極めて広範囲についての基準が規定され，条約の批准国はそれらを国内法化して実施している[21]．また，船の航行で排出される汚水や廃棄物，あるいは事故に伴う積荷の流出が大規模な海洋汚染を引き起こすようになり，特にタンカーの座礁が相次いだことから，「海洋汚染防止条約」通称 MARPOL 条約が採択され，1983年に発効した[22]．

これらの国際条約を取りまとめているのは，海運国が政府間で海事問題を協議するための国際組織で，国連の専門機関のひとつである **国際海事機関 (IMO: International Maritime Organization)** である．2010年現在160国以上が加盟しており，船の安全については，主に海上安全委員会（MSC: Maritime Safety Committee）をはじめ専門的な細部を審議する小委員会が扱っている[23]．IMO では SOLAS 条約，MARPOL 条約以外にも船員の訓練，捜索・救助，トン数，テロ対策等々，様々な条約を扱っており，海事全般にわたる安全の成立に貢献している．

他にも，船舶の技術的要件を検査する組織として，船級協会（Classification

---
[20] その後も制度や技術の進歩に伴い度々改正されている．
[21] 日本で対応する国内法は「船舶安全法」である．
[22] 日本で対応する国内法は「海洋汚染等及び海上災害の防止に関する法律」である．
[23] 他に海洋環境保護委員会（MEPC: Marine Environment Protection Committee）等がある．

第12章 船もめぐる

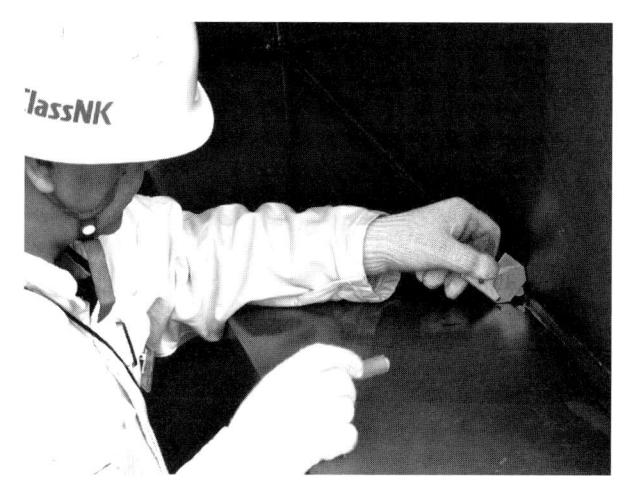

図12-16 船舶の検査（© Nippon Kaiji Kyokai）

Society）がある．船級協会の発祥は保険の発祥と同時期で，保険の対象となる船を鑑定する組織として設立された．今日の船級協会は船を検査して，技術的基準（及び条約等の法令）に従って合否やレベルを判定し，安全性に対する保証を与える．この保証は船の一生を通じて維持されなければならないので，検査は定期的に行われる．通常，船級を得るということは，各国が自国の船に対して要求する技術的要件を満足していることに対する認証と同等で，保険会社が保険を引き受ける条件にもなっている．

巻末問題

1章：宇宙はめぐる

1）大気中の酸素や二酸化炭素の濃度は海水に溶けている酸素や二酸化炭素の濃度と連動して変化している．地球ができてから現在に至るまでの間の大気中の酸素と二酸化炭素の濃度を推定し，結果を図示しなさい．図の縦軸は対数目盛の酸素または二酸化炭素の濃度とし，横軸は地球が生まれてからの年数とする．

2）古生代から中生代へ，あるいは中生代から新生代への変わり目で生物の大量絶滅が起こり，生物種が入れ替わっている．その原因として考えられることをすべて挙げ，実際には，そのどれが起こった可能性がもっとも高いと考えるか，なぜそう考えるか，その考えの難点は何かについて議論しなさい．

3）地球は，誕生以来，内部からの熱を宇宙に向かって放出し続けている．その熱には，火山や温泉など高熱の噴出物ばかりでなく，岩石圏を伝導で運ばれるものもある．その熱のせいで，大陸は移動し，海洋の形が変えられている．さて，その熱源は何だろうか．100億年後の地球ではそれはどうなると考えるか．

2章：海底はめぐる

1）プレートテクトニクス理論に基づいて，「ウェーゲナーの大陸移動説」と「海洋底拡大説」を説明しなさい．

2）海底堆積物の主要な構成成分として，アルミノケイ酸塩，ケイ酸塩，炭酸塩の中から一つを選び，その成因（起源）を説明しなさい．また，海底に

おける分布や水深との関係を述べ，その理由を説明しなさい．

3）中層や深海層に生息する魚類が光の届かない環境に適応するために保有している生物学的特徴とその役割を述べなさい．

3章：海水はめぐる

1）下に示した日本付近の海の部分に，およその表層の流れを記入し，その名前を英語と日本語で記入しなさい．

2）偏西風と貿易風から亜熱帯循環が形成される過程を説明せよ．コリオリの力，地衡流，エクマン輸送，という単語は必ず使いなさい．

3）熱塩大循環はグリーンランド沖を始点としている理由をいくつか述べなさい．

4章：熱はめぐる

1）ある場所での海面を通した熱輸送の季節変動が図に示すようになっていたとする．

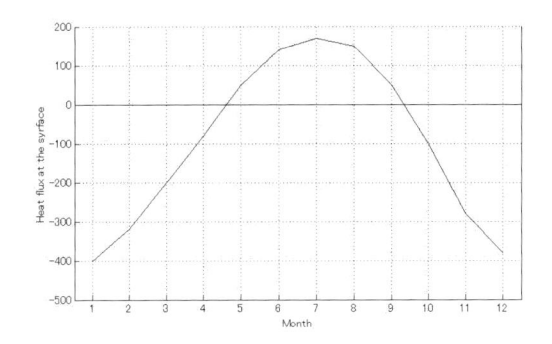

1-1) 正の期間に比べて負の期間が長く，積算値でも負が超過している（年平均で-100W/m 2）．これだけだと，ここの水温は年を経るごとに低くなって行くことになるが，実際には大きな経年変動はない．どういう理由が考えられるか．

1-2) また，この海域の表層水温が最高になる時期はいつか．海面を通した熱輸送以外の熱輸送は季節変動しないものとして推定せよ．

2) 水温×流速の積算値が等しい2つの海流を考える．流れが速く幅の狭い海流と，流れが遅く幅の広い海流ではどちらが熱輸送が大きいと考えられるか，その理由とともに述べよ．

5章：栄養塩はめぐる

1) 海洋で光合成を制限する3大栄養塩といわれる元素はN,P,Siであるが，陸ではN,P,Kである．本来，植物には4大栄養素としてN，P，Si，Kが与えられねばならないが，陸ではSiが，海洋ではKが十分にある理由を述べなさい．

2) 海洋でSiを光合成に用いる植物プランクトンはどのようなものがあるか？また，Siを必要としないものとの違いを述べなさい．

3）Redfield 比について説明しなさい．

6章：炭素はめぐる

1）亜熱帯域は海洋表層に殆ど栄養塩が存在しないが，珊瑚礁はそのような中でも，生態系内部で巧みに栄養塩を循環させることにより，多様な生態系を維持している．「珊瑚礁」と呼ばれているものの実体は長年にわたりサンゴの骨格が堆積したものであり，その主成分は炭酸カルシウムである．

いま，温暖化に伴う急激な水温の上昇によって，世界中の珊瑚礁の多くが深刻なダメージを負っている．もしこのまま事態が進んで世界中の珊瑚礁が絶滅した場合，そのことによって海洋の炭素吸収量はどう変化するか考えなさい．

2）北太平洋の亜寒帯域では冬期の強い鉛直混合によって中深層域の DIC 濃度の高い水が表層に持ち上げられ，そこで二酸化炭素を放出するため，北太平洋亜寒帯域は二酸化炭素の放出域となっている．一方この鉛直混合によって中深層の栄養塩も表層に運ばれるが，この栄養塩は亜寒帯域では使い切ることができず，亜寒帯域の水塊が風成循環に従って日本の東方で亜熱帯循環域の水と混ざり合った時に，残されていた栄養塩が消費されて大量の輸出生産が発生する．このため，日本東方の親潮と黒潮の境界領域は，世界でも有数の二酸化炭素吸収域となっている．

ところが地球の温暖化によって，北太平洋亜寒帯域の冬期の鉛直混合は徐々に弱まってきていると考えられている．このとき，北太平洋亜寒帯域の二酸化炭素の放出量と，親潮・黒潮の境界領域における二酸化炭素の吸収量，そしてそれぞれの海域における全炭酸の経年的増加速度は，それぞれどうなるか考えなさい．

7章：生物もめぐる

1）海洋に棲息する細菌と動物プランクトンの生態系内における役割の相違点について，物質の流れという観点から簡潔に述べなさい．

2）閉鎖性の強い浅海域（ここでは最大水深100 m 程度とする）に，陸から溶存態の無機窒素およびリンが大量に流入する場合と，溶存態の有機炭素が大量に流入する場合を想定する．それぞれの状況において，予想される海洋生態系の構造と機能の変化について簡潔に述べなさい．

3）水深が十分にある外洋域での生物炭素ポンプを促進すると考えられる海洋表層生態系の構造とその理由を簡潔に述べなさい．

8章：観測船はめぐる

1）海洋観測では，陸上観測に比べて多くの困難を伴うが，その違いを箇条書きにしなさい．

2）海洋観測では，音波を様々な場面で用いる．その用途を箇条書きにしなさい．

3）海洋観測資料に含まれる可能性のある3種の誤差を説明し，その各々の評価する方法を述べなさい．

4）海洋観測には種々の社会的意義がある．その中の一つを選んで詳しく説明しなさい．

9章：資源はめぐる

1）海洋のエネルギーを利用する，ということに関して，どのようなものがあるか書きなさい．

2）海底に存在する鉱物資源のメタン，マンガン，コバルトについて，存在形態，回収方法を述べなさい．また，海水中から鉱物資源を回収することについての利点と欠点を述べなさい．

10章：電磁波・音波はめぐる

1）電磁波による海洋のリモートセンシングは，「どのようなことに利用されているか？」を説明しなさい．

2）HFレーダとは何か？どういう原理を利用して何を測る道具かを説明しなさい．

3）ADCPとはどういう原理を利用して何を測る道具かを説明しなさい．

11章：法律はめぐる

1）わが国は，一部の海域で領海基線から12海里という領海幅の原則によらず3海里の領海を「特定海域」として設定している．このことについて，沿岸国である日本にとってのメリット，デメリットを述べなさい．

2）基線から200海里を超えて大陸棚を設定するための条件を述べなさい．

3）あなたが瀬戸内海のある漁港の周辺海域で水温・塩分及び水質の調査を計画しているとき，考慮すべき法令とそれに対して必要な手続きについて述べなさい．

12章：船もめぐる

1）貨物船にはいろいろな形態がある．例を挙げて3種類以上説明しなさい．

2）船を安定化させるための機構を2つ以上挙げて説明しなさい．

さくいん

【あ】
アイソスタシー　29
アガラス海流　45
亜寒帯循環　44
アセノスフェア　29
圧力傾度流　46
亜南極モード水　53
亜熱帯循環　43,72
アルカリ度　97
アルベド　65
アルミノケイ酸塩　34
アンモナイト類　15
一時性プランクトン　117
移流効果　72
インドネシア通過流　53
ウィーンの変位則　64
ウィルス　122
ウィルスループ　123
渦拡散　73
ウラン鉱床　11
栄養塩　79
　──濃度　88
栄養摂取効率　89
栄養段階　119
エクマン層　49
エクマン輸送　49
エスチャリー循環　86
エル・ニーニョ　141
遠隔計測　165
沿岸性堆積物　33
鉛直混合　85
オイルタンカー　205
大型植物プランクトン　120
オゾン　12
親潮　44
音響ドプラー流速分布計　172
音響トモグラフィー　179
温室効果　19,65

【か】
カーフェリー　207
海丘　27

海溝　28
海山　27
　──斜面　155
　──列　27
海上交通安全法　194
海台　27
中央海嶺　25
海底堆積物　33
海底谷　27
海底地形　25
海底熱水鉱床　156
海膨　27
海盆　27
海洋エネルギー・鉱物資源開発計画　156
海洋汚染防止法　195
海洋温度差発電　152
海洋科学研究委員会　141
海洋観測　133
海洋基本計画　150,189
海洋基本法　150,189
海上交通三法　194
海洋酸性化問題　108
海上衝突予防法　194
海洋情報　192
外洋性堆積物　33
海洋石油　154
海洋地殻　29
海洋中規模渦についての組織的観測　141
海洋中層　114
海底拡大説　29
海洋の科学的調査　185,187
海洋の誕生　8
海洋漂着物処理推進法　196
海洋プレート　30
海洋法に関する国際連合条約　181
海洋保護区　160
海里　197
海流　42
海流発電　152

化学合成従属栄養生物　118
化学合成生態系　39
化学合成独立栄養生物　118
火災制御図　216
風応力　48
ガルフストリーム　45
環境影響調査　157
間隙水　34
環礁　28
岩石起源　33
観測誤差　135
カンブリア大爆発　13
気圧計　214
気候変動性・予測可能性研究計画　143
気象観測　196
気象業務法　195
艤装品　214
北赤道海流　44
北大西洋深層水　53
北太平洋中層水　59
逆風化作用　7
救命設備　216
救命設備配置図　217
漁業調整規則　195
恐竜　17
ギョー　27
グアノ　90
黒潮　43,72
　──続流　44
群集　112
ケイ酸塩　34
ケイ酸塩　84
珪質鞭毛藻　93
珪藻　17,93
ケイ素　93
元素の宇宙存在度　2,5
元素の海水中濃度　5
元素の地殻中濃度　5
顕熱　66,68
恒温動物　16
光合成従属栄養生物　118

229

光合成独立栄養生物　118
合成開口レーダー　167
港則法　194
コールドプルーム　31
枯渇性エネルギー　149
国際海峡　184
国際海事機関　220
国際科学会議　141
国際地球観測年事業　141
黒体　62
国連海洋法条約　181
古細菌　116
個体群　112
コバルトリッチクラスト　155
コリオリの力　46
混合栄養生物　118
コンチネンタルライズ　27
コンテナ船　203
コンピューター統合生産　213
コンベアベルト　54,74

【さ】
採掘　157
採鉱技術　157
最終氷期　19
採食食物連鎖　120
再生可能エネルギー　149
再生生産　87,113
最大比増殖速度　88
斬深層　114
シーラカンス　14
自記水温水深計　144
資源量調査　156
地衡流　72
自生鉱物　37
ジャイロコンパス　214
周極深層水　53
船状海盆　28
従属栄養性細菌　89
従属栄養生物　118
受動型センサー　165,171
純生産速度　81
硝酸塩　83
硝酸還元　92
初期続成作用　34
初期の太陽　2

植物網　118
食物連鎖　118
深海魚類　38
深海層　37,114
深海長谷　27
深海底　27
深海平原　27
深海盆底　26
真核細菌　116
真核生物　116
人工衛星追跡監視システム　142
真光層　83,84
新生産　87,113
真性プランクトン　117
深層　115
　──流　51
　──水　53
新ドリアス期　20
水温塩分図　57
水塊　57
水深　198
推進性能　208
水中音響ドップラー多層流向流速計　144
水路業務法　195
水路測量　195
スエズ運河　217
スエズマックス　217
ステファン・ボルツマンの法則　62
ストロマトライト　11
スペクトル　63
星間塵　2
制限要因　81
精鉱　157
成層　85
生態系　112
生態効率　124
政府間海洋学委員会　141
生物起源　33
生物誕生　10
生物炭素ポンプ　127
生物ポンプ　99
精錬　157
世界海洋観測システム　142
世界海洋循環実験計画　141

世界気候研究計画　141
世界気象監視計画　140
接続領域　183
全球気象通信システム　140
全球地球観測システム　143
全球熱塩循環　56
選鉱　157
全炭酸　96
潜熱　66,68
船舶火災　216
総合海洋対策本部　190
総合資源エネルギー調査会　156
操縦性能　209
総生産速度　81
続成作用　34

【た】
耐航性能　211
大絶滅　18
太陽活動　4
太陽定数　62
太陽風　2
太陽放射　62
大陸移動説　29
大陸斜面　27
大陸辺縁部　25
大陸棚　27,186
　──辺縁部　154
大陸地殻　29
大陸プレート　30
大量絶滅　16
脱窒過程　93
脱皮殻　90
ダブルハル　212
多量元素　79
タンカー　205
南極底層水　53
炭酸塩　34
　──補償深度　36
断層写真撮影　179
短波海洋レーダー　168
短波放射　64
断裂帯　28
地殻　4
地球磁気海流計　144
地球誕生　3

さくいん

地球圏—生命圏国際共同研究計画　142
地衡流　45,47
窒素　91
窒素固定　93
中規模渦　41
中軸谷　25
中層　37,115
　　──魚類　38
　　──水　53
超深海層　114
超新星の爆発　1
潮汐発電　151
長波放射　64
潮流発電　152
超臨海水　8
直線基線　182
底生生物　38
底層水　53
低潮線　182
鉄鉱床　11
デトリタス　90
電気伝導度・水温・深度測定装置　143
転向力　46
電子海図　215
　　──情報表示装置　215
転送効率　124
投下式水温塩分深度計　144
投下式水温深度計　144
島弧　33
統合国際深海掘削計画　142
動植物が陸上に進出　14
動物プランクトン　120
倒立音響測深器　177
特別採捕　195
独立栄養生物　117
トレードオフ　159

【な】
内水　182
南極周極流　44
南方振動　141
二酸化炭素分圧　97,100
西岸境界流　43
二重船殻　212

日周鉛直移動　38
熱塩強制　55
熱塩循環　54,56
熱水噴出域　93
熱水噴出孔　33
熱帯性海洋全球大気計画　141
粘土鉱物　34
能動型センサー　165,166

【は】
排他的経済水域　182,183
パイロット　218
パナマ運河　217
パナマックス　217
ハブ・アンド・スポーク　204
ハブ港　204
バラ積み　202
バルクキャリア　202
波浪発電　152
半飽和定数　88
東オーストラリア海流　44
被子植物　18
微生物環　120
微生物植物網　122
比増殖速度　88
ビッグバン　1
氷床　19
表層　37,83,115
　　──流　43
　　──水　53
漂流・漂着ゴミ　196
微量金属　80
微量元素　79
貧栄養海域　155
風化作用　6
風成循環　48,50
富栄養化　84
貧栄養海域　88
復元性　210
ブラジル海流　45
プラットフォーム　165
プランクトンレコーダー　145
フランス国立宇宙研究センター　142
プルームテクトニクス　29,31
プレート　29

　　──境界　32
　　──テクトニクス　29
糞塊　90
平均滞留時間　9
米国航空宇宙局　142
ベントス　38
放射エネルギー　61
放射平衡　65
ホットプルーム　31
哺乳類　16
ホルムズ海峡　217

【ま】
マグマ　32
　　──オーシャン　8
　　──溜まり　32
マラッカ・シンガポール海峡　217
マラッカマックス　217
マリンスノー　35
マンガン団塊　37,154
マンガンノジュール　37
マントル　4,29
　　──対流　7
水起源　33
水先案内人　218
ミランコヴィッチ周期　8, 19
無害通航　182
メタセンター　210
メタンハイドレード　154

【や】
有限要素法　212
有光層　34,84
湧昇流　85
輸出生産　88,99
揚鉱　157
予防原則　160

【ら】
藍藻　92
乱流拡散　73
リソスフェア　29
リフト　25
リモートセンシング　165
粒状有機物　90

231

領海　183
　　──基線　182
　　──法　182
リン　90
リン酸塩　82
レアアース類　155
レイン・レシオ　104
レッドフィールド比　82

【わ】
湾流　45

【A】
abyssopelagic zone　115
active sensor　165
ADCP　144, 172
AIS　216
Archaea　116
ARGOS　142
ARPA　215
autotroph　117
AVHRR　170

【B】
Bactelia　116
biological carbon pump　127
BT　144
CAD/CAM　212
chemoautotroph　118
chemoheterotroph　118

【C】
CIM　213
CLIVAR　143
CNES　142
community　112
CTD　143

【D】
DGPS　214
DOC　95
DOC　101

【E】
ECDIS　215
ecological efficiency　124
ecosystem　112
EEZ　182, 184
ENC　215
ENSO　141
Eukarya　116

【F】
FEM　212
Fire Control Plan　216
food chain　118
food web　118
frazing food chain　120

【G】
GEK　144
GEOSS　143
GOOS　142
GPS　214
GTS　140

【H】
hadopelagic zone　115
heterotroph　118
HF レーダー　168
holoplankton　117

【I】
ICSU　141
IES　177
IGBP　142
IGY　141
IMO　220
IOC　141
IODP　142

【L】
LADCP　176
Life Saving Applicances Arrangement　217
LNG タンカー　205
LNG チェーン　206
LNG バリューチェーン　206

【M】
MERIS　171
meroplankton　117
mesopelagic layer　115
microbial food web　122
microbial loop　120
mixtotroph　118

【N】
NASA　142
new production　87, 113
Nutrients　79

【O】
O3　12

さくいん

【P】
P&I　220
passive sensor　165
pathypelagic zone　115
PCC　207
photoautotroph　118
photoheterotroph　118
PIC　95,102
POC　95
population　112

【R】
regenerated production　87
regenerated production　113
remote sensing　165
RO/RO 貨物船　207

【S】
SAR　167
SCOR　141
SeaWiFS　170
SOFAR channel　177
SOLAS　220
soloar constant　62

【T】
TOGA　141
tomography　179
transfer efficiency　124
TRMM　166
trophic level　119
TS 曲線　58
TS 図　57

【U】
UNICLOS　181
Upwelling　85

【V】
vital loop　123
VTS　218

【W】
WCRP　141
WOCE　141
WWW　140

【X】
XBT　144
XCTD　144

233

海はめぐる
― 人と生命を支える海の科学 ―

2017年4月1日　初版第2刷Ⓒ

編　　日本海洋学会
執　筆
　岸　　道郎・角皆　静男・長谷川　浩・須賀　利雄
　乙部　弘隆・松野　　健・菊池　知彦・小埜　恒夫
　田中　恒夫・市川　　洋・福島　朋彦・柳　　哲雄
　道田　　豊・松沢　孝俊

発行者　　上條　宰
発行所　　株式会社地人書館
　　　　所在地　〒162-0835 東京都新宿区中町15番地
　　　　電話　03-3235-4422（代表）
　　　　FAX　03-3235-8984
　　　　郵便振替口座　00160-6-1532
　　　　URL　http://www.chijinshokan.co.jp/
　　　　e-mail　chijinshokan@nifty.com

印刷所　　株式会社平文社
製本所　　イマヰ製本

Printed in Japan
ISBN978-4-8052-0834-2

JCOPY <（社）出版者著作権管理機構委託出版物>
本書の無断複製は著作権法上での例外を除き禁じられています。複製される場合は、そのつど事前に、出版者著作権管理機構（電話 03-3513-6969、FAX 03-3513-6979、e-mail: info@jcopy.or.jp）の許諾を得てください。